U0201963

小白玩剪映

雷波 ◎ 著 | 超易上手的视频剪辑、拍摄与运营手册

U0201964

化学工业出版社

· 北京 ·

内容简介

本书从剪映的界面开始讲起，到基本功能，再到添加文字、音乐、特效、动画等进阶技巧，还总结了10大类短视频后期思路，最后通过15个实操案例教学将以上所学知识融会贯通，实现从"小白"到高手的进阶。

为了真正实现"每个人"都能学会视频后期的目的，本书还具有"通过实际案例讲解剪映功能使用方法"，"赠送与图书配套的800分钟视频教学"，以及"归纳式案例教学"三大特点。扫描本书封底二维码可获取全套教学视频课件。

相信各位读者通过学习本书，一定可以制作出火爆抖音、快手的优质短视频作品。

图书在版编目（CIP）数据

小白玩剪映：超易上手的视频剪辑、拍摄与运营手册/雷波著.—北京：化学工业出版社，2021.10（2023.1重印）
ISBN 978-7-122-39547-4

Ⅰ.①小⋯ Ⅱ.①雷⋯ Ⅲ.①视频制作-手册
Ⅳ.①TN948.4-62

中国版本图书馆CIP数据核字（2021）第138480号

责任编辑：李 辰 孙 炜　　　　　　　　封面设计：王晓宇
责任校对：刘 颖

出版发行：化学工业出版社（北京市东城区青年湖南街13号　邮政编码100011）
印　　装：天津图文方嘉印刷有限公司
710mm×1000mm　1/16　印张12½　字数281千字　2023年1月北京第1版第5次印刷

购书咨询：010-64518888　　　　　　　售后服务：010-64518899
网　　址：http://www.cip.com.cn
凡购买本书，如有缺损质量问题，本社销售中心负责调换。

定　　价：68.00元　　　　　　　　　　　　　　　版权所有　违者必究

前 言
PREFACE

相比专业的视频后期软件，比如Premier或者Final Cut Pro，剪映作为简单易上手的视频后期App，可以让后期零基础的"小白"以较低的学习成本就能制作出同样精彩的短视频。

为了让每个人都能学会视频后期，本书前两章从认识剪映的界面讲起，让各位了解时间线、时间轴、轨道等基本概念，打下坚实的学习基础。再通过对分割、定格、画中画、蒙版、关键帧等9大功能使用方法的讲解，让各位读者掌握剪映的基础使用方法。

第3章至第7章通过实操教学，讲解了如何为视频添加文字、音乐、转场、特效等，并对剪映专业版（PC版）进行了简单介绍，让各位读者具备制作精彩视频的能力。

与学会使用剪映相比，后期思路其实更为重要。有了后期思路，才有了后期处理的方向，才知道应该使用哪些工具和哪些功能。因此，第8章总结了10大类视频的后期思路，明确视频的后期方向。并在第9章详细讲解了15个视频效果的后期方法，包括浪漫九宫格、绿幕素材合成、日记本翻页效果等，从而将之前所学融会贯通，实现预期的画面效果。

为了让本书的内容更加完整，在第10章和第11章分别介绍了手机视频拍摄和短视频运营技巧，通过这一本书，就可以学习剪映App从前期到后期再到运营的全流程教学，进一步降低学习成本。

然而，内容全面真的就意味着各位读者都能学得懂、学得会吗？笔者并不这么认为。因此，为了真正实现"每个人"都能学会视频后期的目的，本书还具有以下3个特点。

特点一：通过实际案例讲解剪映功能使用方法

本书的案例教学不仅仅局限在第9章。其实在讲解每个功能的作用及使用方法时，都力求能够通过该功能实现某个具体效果。比如讲解"关键帧"功能时，就利用该功能制作出了"贴纸移动"效果；又比如在讲解"倒放"功能时，则教会各位读者制作"鬼畜"效果。

特点二：图文与视频教学相结合

各位读者购买的将不仅仅是这本书，其实还包括800分钟与该书配套的视频教学。当书中有哪些地方看不懂时，就可以扫描二维码观看视频教学。其实很多操作过程中的细节很难用图文的方式去表达，但通过视频就非常直观形象。

特点三：结构清晰的案例教学

很多案例教学，都是从第一步开始一直讲到最后一步。这种方法虽然能让读者按照书中的内容制作出该效果，但却不利于后期思路的建立与培养。而本书在案例教学部分，将每个案例中数十个小步骤总结为3~4个大步骤，并且简单介绍此步操作的目的，让各位在进行后期处理时，不但知道怎么做，还知道为什么这么做，这么做的目的是什么。

最后，相信各位读者通过学习本书，都可以从视频后期"小白"成长为高手，并制作出火爆抖音、快手的优质短视频。

如果希望与笔者或其他爱好短视频的朋友交流与沟通，欢迎读者朋友添加我们的客服微信 13011886577，与我们在线交流，也可以加入摄影QQ交流群（528056413），与众多喜爱摄影的小伙伴交流。如果希望每日接收新鲜、实用的摄影技巧，可以关注我们的微信公众号"好机友摄影"；或者在今日头条搜索"好机友摄影""黑冰摄影"、百度App中搜索"好机友摄影课堂""北极光摄影"，以关注我们的头条号和百家号；抖音搜索"好机友摄影"关注我们的抖音号。期待与大家一起学习，共同进步。

雷　波

目　录
CONTENTS

第3章 用文字让视频图文并茂

第4章 通过音乐让视频更精彩

第5章 为视频添加酷炫转场和特效

第 6 章 为视频画面进行润色以增加美感

第 7 章 轻松掌握剪映专业版（PC 版）

第8章 爆款短视频剪辑思路

第9章 火爆抖音的后期效果案例教学

第 10 章 用手机拍摄后期剪辑所需素材

第 11 章 懂运营才能让优秀作品脱颖而出

第1章
掌握剪映的基本使用方法

认识剪映的界面

在将一段视频素材导入剪映后，即可看到其编辑界面。该界面由3部分组成，分别为预览区、时间线和工具栏。

认识预览区

在预览区中可以实时查看视频画面。时间轴位于视频轨道的不同位置时，预览区会显示当前时间轴所在那一帧的图像。

可以说，视频剪辑过程中的任何一个操作，都需要在预览区中确定其效果。当预览完视频内容后，发现没有必要再继续修改时，一个视频的后期就制作完成了。预览区在剪映界面中的位置如图1所示。

在图1中，预览区左下角显示的为"00:00/00:05"。其中"00:00"表示当前时间轴位于的时间刻度为"00:00"，"00:05"则表示视频总时长为5秒。

点击预览区下方的▶图标，即可从当前时间轴所处位置播放视频；点击⤺图标，即可撤回上一步操作；点击⤻图标，即可在撤回操作后，再将其恢复；点击⤢图标可全屏预览视频。

▲ 图 1

认识时间线

在使用剪映进行视频后期时，90%以上的操作都是在时间线区域中完成的，该区域范围如图2所示。

时间线中的"轨道"

占据时间线区域较大比例的是各种"轨道"。图2中有花卉图案的是主视频轨道；橘黄色的是贴纸轨道；橘红色的是文字轨道。

▲ 图 2

在时间线区域中还有各种各样的轨道，如"特效轨道""音频轨道""滤镜轨道"等。通过各种"轨道"的首尾位置，即可确定其时长及效果的作用范围。

时间线中的"时间轴"

时间线区域中那条竖直的白线就是"时间轴"，随着时间轴在视频轨道上移动，预览区域就会显示当前时间轴所在那一帧的画面。在进行视频剪辑，以及确定特效、贴纸、文字等元素的作用范围时，都需要移动时间轴到指定位置，然后再移动相关轨道至时间轴，从而实现精确定位。

时间线中的"时间刻度"

在时间线区域的最上方，是一排时间刻度。通过该刻度，可以准确判断当前时间轴所在的时间点。但其更重要的作用在于，随着视频轨道被"拉长"或者"缩短"时，时间刻度的"跨度"也会跟着变化。

当视频轨道被拉长时，时间刻度的跨度最小可以达到2.5帧/节点，有利于精确定位时间轴的位置，如图3所示。而当视频轨道被缩短时，则有利于快速在较大时间范围内移动时间轴。

▲图3

认识工具栏

剪映编辑界面的最下方即为工具栏。剪映中的所有功能几乎都需要在工具栏中找到相关选项进行使用。在不选中任何轨道的情况下，剪映所显示的为一级工具栏，点击相应选项，即会进入二级工具栏。

值得注意的是，当选中某一轨道后，剪映工具栏会随之发生变化，变成与所选轨道相匹配的工具。比如，图4所示为选中视频轨道的工具栏，而图5所示则为选择文本轨道时的工具栏。

▲图4

▲图5

掌握时间轴的使用方法

通过上文已经了解，时间轴是时间线区域中的重要组成部分。在视频后期中，熟练运用时间轴可以让素材之间的衔接更流畅，让效果的作用范围更精确。

用时间轴精确定位画面

当从一个镜头中截取视频片段时，只需在移动时间轴的同时观察预览画面，通过画面内容来确定截取视频的开头和结尾。

以图6和图7为例，利用时间轴可以精确定位到视频中人物呈现某一姿态的画面，从而确定所截取视频的开头（00:02）和结尾（00:04）。

▲图6

通过时间轴定位视频画面几乎是所有后期中的必做操作，因为对于任何一种后期效果，都需要确定其"覆盖范围"，而"覆盖范围"其实就是利用时间轴来确定起始时刻和结束时刻。

快速"大范围"移动时间轴的方法

在处理长视频时，由于时间跨度比较大，所以从视频开头移动到视频末尾就需要较长的时间。

此时可以将视频轨道"缩短"（两个手指并拢，同缩小图片操作），从而让时间轴移动较短距离，即可实现视频时间刻度的大范围跳转。

比如在图8中，由于每一格的时间跨度高达10秒，所以一个40秒的视频，将时间线从开头移动到结尾就可以在极短的时间内完成。

另外，缩短时间轴后，每一段视频在界面中显示的"长度"也变短了，从而可以更方便地调整视频排列顺序。

▲图 7

▲图 8

让时间轴定位更精准的方法

拉长时间线后（两个手指分开，同放大图片操作），其时间刻度将以"帧"为单位显示。

动态的视频其实就是连续播放多个画面所呈现的效果。组成一个视频的每一个画面，就被称为"帧"。

在使用手机录制视频时，其帧率一般为30fps，也就是每秒连续播放30个画面。

所以，当将时间轴拉至最长后，每秒都被分为30个画面来显示，从而极大地提高画面选择的精度。

比如，在如图9所示的8f（第8帧）的画面和如图10中所示的10f（第10帧）的画面就存在细微的区别。而在拉长时间轴后，就可以在这个细微的区别中进行选择。

▲图 9　　　　▲图 10

学会与"轨道"相关的简单操作

视频后期过程中，绝大多数时间都是在处理"轨道"。因此，掌握了对轨道进行简单操作的方法，就代表迈出了视频后期的第一步。

调整同一轨道上不同素材的顺序

利用视频后期中的"轨道"，可以快速调整多段视频的排列顺序。

❶ 缩短时间线，让每一段视频都能显示在编辑界面，如图11所示。

❷ 长按需要调整位置的视频片段，并将其拖曳到目标位置，如图12所示。

❸ 手指离开屏幕后，即可完成视频素材顺序的调整，如图13所示。

◈ 图11

◈ 图12

◈ 图13

除了调整视频素材的顺序，对于其余轨道也可以利用相似的方法调整顺序或者改变其所在的轨道。

比如图14中有两条音频轨道。如果配乐在时间线上不会重叠，则可以长按其中一条音轨，将其与另一条音轨放在同一轨道上，如图15所示。

◈ 图14

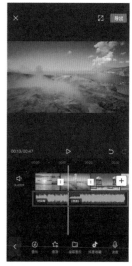

◈ 图15

快速调节素材时长的方法

在后期剪辑时，经常会出现需要调整视频长度的情况，下面介绍快速调节素材时长的方法。

❶ 选中需要调节长度的商品片段，如图16所示。

❷ 拖动左侧或者右侧的白色边框，即可增加或者缩短视频长度，如图17所示。需要注意的是，如果视频片段已经完整出现在轨道，则无法继续增加其长度。另外，提前确定好时间轴的位置，当缩短视频长度至时间轴附近时，会有吸附效果。

❸ 拖动边框拉长或者缩短视频时，其片段时长会时刻在左上角显示，如图18所示。

⚠ 图 16

⚠ 图 17

⚠ 图 18

通过"轨道"调整效果覆盖范围

无论是添加文字，还是添加音乐、滤镜、贴纸等效果时，对于视频后期，都需要确定其覆盖的范围，也就是确定从哪个画面开始到哪个画面结束应用这种效果。

❶ 移动时间线确定应用该效果的起始画面，然后长按效果轨道并拖曳（此处以滤镜轨道为例），将效果轨道的左侧与时间线对齐。无论在剪映还是在快影中，当效果轨道移动到时间线附近时，就会被自动吸附过去，如图19所示。

❷ 接下来移动时间线，确定效果覆盖的结束画面，并点击一下效果轨道，使其边缘出现"白框"，如图20所示。

❸ 拉动白框右侧的_部分，将其与时间线对齐。同样，当效果条拖动至时间线附近后，就会被自动吸附，所以不必担心能否对齐的问题，如图21所示。

⚠ 图 19

⚠ 图 20

⚠ 图 21

通过"轨道"实现多种效果同时应用到视频

得益于"轨道"这一机制，在同一时间段内可以具有多个轨道，如音乐轨道、文本轨道、贴图轨道、滤镜轨道等。

所以，当播放这段视频时，就可以同时加载覆盖了这段视频的一切效果，最终呈现出丰富多彩的视频画面，如图22所示。

△ 图 22

视频后期的基本流程

掌握了上述剪映中最基础的内容后，就可以开始进行第一次视频后期了。接下来将通过一个完整的后期流程，讲解剪映的基本使用方法。

导入视频

导入视频的基本方法

将视频导入"剪映"或者"快影"的方法基本相同，所以此处仅以"剪映"为例进行介绍。

❶ 打开剪映App后，点击"开始创作"按钮，如图23所示。

❷ 在进入的界面中选择希望处理的视频，然后点击界面下方"添加"按钮，即可将该视频导入剪映中。

当选择了多个视频导入剪映时，其在编辑界面中的排列顺序与选择顺序一致，并且在如图24所示的导入视频界面中会出现序号。当然，导入素材后，在编辑界面中也可以随时改变视频的排列顺序。

△ 图 23

△ 图 24

导入视频的小技巧

在剪映内直接选择视频导入时，由于无法预览视频，很难分辨相似场景的视频，无法确定哪一个才是希望导入的。通过以下方法可以解决该问题。

❶ 先将筛选出的视频放在手机中的一个相册或者文件夹中，并点击界面右上方"选择"按钮，如图25所示。

❷ 接下来将筛选出的视频全部选中，并点击左下角的⬆图标（安卓手机需点击"打开"按钮），如图26所示。

❸ 最后点击剪映App图标，即可将所选视频导入到剪映中，如图27所示。

⚠ 图 25

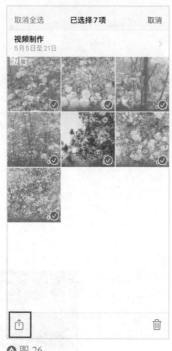

⚠ 图 26

⚠ 图 27

导入视频即完成视频制作的方法

使用剪映中的"剪同款"功能，可以通过选择"模板"的方式，导入素材后即可自动生成带有特效的视频。

❶ 打开剪映App，点击界面下方🎬图标（剪同款），即可显示多个视频，如图28所示。

❷ 选择一个喜欢的视频，并点击界面右下角的"剪同款"按钮，如图29所示。

❸ 不同的模板，其需求的素材数量不同，此处所选的视频模板需要添加16段素材。选定需要添加的素材后，点击右下角"下一步"按钮，如图30所示。

需要注意的是，素材数量既不能多，也不能少，必须正好为所需的素材数量才能够继续进行制作。

❹ 片刻之后，剪映就自动将所选视频制作为模板的效果。点击界面下方的素材片段，还可以分别进行细节调整，如图31所示。

提示

使用"剪同款"功能虽然可以快速得到具有一定效果的视频，但是却无法根据自己的需求进行修改。因此，如果想要制作出完全符合自己预期效果的视频，仍然需要学习剪映的相关操作。另外，如果自己没有后期思路，也可以去剪同款中看一看有哪些好玩的效果，从而给自己带来灵感。

🔺 图28

🔺 图29

🔺 图30

🔺 图31

调整画面比例

　　无论将制作好的视频发布到抖音还是快手，均建议将画面比例设置为9∶16。因为该比例在竖持手机时，视频可以全屏显示。

　　因为在刷短视频时，大多数人都会竖拿手机，所以9∶16的画面比例对于观众来说更方便观看。

❶　打开剪映App，点击界面下方的"比例"按钮，如图32所示。

❷　在界面下方选择所需的视频比例，建议设置为9∶16，如图33所示。

🔺 图32

🔺 图33

添加背景防止出现"黑边"

在调节画面比例后，如果视频画面与所设比例不一致，画面四周可能会出现黑边。防止其出现黑边的其中一种方法就是添加"背景"。

❶ 将时间轴移至希望添加背景的视频轨道内，点击界面下方的"背景"按钮，如图34所示。注意，添加背景时不要选中任何片段。

❷ 从"画布颜色""画布样式""画布模糊"中选择一种背景风格，如图35所示。其中"画布颜色"为纯色背景，"画布样式"为有各种图案的背景，"画布模糊"为将当前画面放大并模糊后作为背景。笔者更偏爱选择"画布模糊"风格，因为该风格的背景与画面的割裂感最小。

❸ 此处以选择"画面模糊"风格为例。当选择该风格后，可以设置不同模糊程度的背景，如图36所示。

需要注意的是，如果此时视频中已经有多个片段，那么背景只会加载到时间轴所在的片段上；如果需要为其余所有片段均增加同类背景，则需要点击图36中左下角的"应用到全部"按钮。

⚠ 图 34

⚠ 图 35

⚠ 图 36

调整画面的大小和位置

在统一画面比例后，也可以通过调整视频画面的大小和位置，使其覆盖整个画布，同样可以避免出现"黑边"的情况。

❶ 在视频轨道中选中需要调节大小和位置的视频片段，此时预览画面会出现红框，如图37所示。

❷ 使用双指即可放大画面，使其填充整个画布，如图38所示。

❸ 由于原始画面的比例发生了变化，所以要适当调整画面位置，使其构图更加好看。在预览区按住画面并拖动即可调整画面位置，如图39所示。

⌃ 图 37

⌃ 图 38

⌃ 图 39

剪辑视频

将视频片段按照一定顺序组合成一个完整视频的过程，称为"剪辑"。

即使整个视频只有一个镜头，也可能需要将多余的部分删除，或者将其分成不同的片段，重新进行排列组合，进而产生完全不同的视觉感受，这同样是"剪辑"。

将一段视频导入剪映后，与剪辑相关的工具基本都在"剪辑"选项中，如图40所示。其中常用的工具为"分割"和"变速"，如图41所示。

另外，为多段视频间添加转场效果也是"剪辑"中的一个重要操作，可以让视频显得更加流畅、自然，图42所示即为"转场"编辑界面。

⌃ 图 40

⌃ 图 41

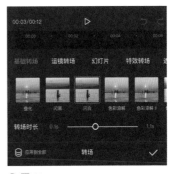
⌃ 图 42

润色视频

与图片后期相似，一段视频的影调和色彩也可以通过后期来调整。

❶ 打开剪映，点击界面下方的"调节"按钮，如图43所示。

❷ 选择亮度、对比度、高光、阴影等工具，拖动滑动条，即可实现对画面明暗、影调的调整，如图44所示。

❸ 也可以点击图43中的"滤镜"按钮，在如图45所示的界面中，通过添加滤镜来调整画面的影调和色彩。拖动滑动条，可以控制滤镜的强度，得到理想的画面色调。

▲ 图 43

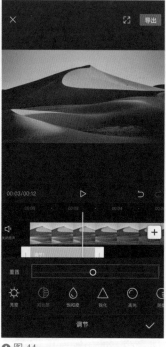
▲ 图 44

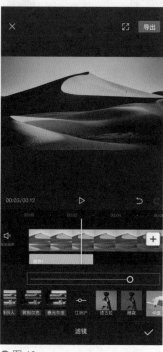
▲ 图 45

添加音乐

通过剪辑将多个视频串联在一起，再对画面进行润色后，其在视觉上的效果就基本确定了。接下来，需要对视频进行配乐，进一步烘托短片所要传达的情绪与氛围。

❶ 在添加背景音乐之前，首先点击视频轨道下方的"添加音频"字样，即可进入音频编辑界面，如图46所示。

❷ 点击界面左下角的"音乐"按钮，即可选择背景音乐，如图47所示。若在该界面点击"音效"，则可以选择一些简短的音频，针对视频中某个特定的画面进行配音。

❸ 进入"音乐"选择界面后，点击音乐右侧的⬇图标，即可下载该音频，如图48所示。

❹ 下载完成后，⬇图标会变为"使用"字样。点击后，即可将所选音乐添加到视频中，如图49所示。

⚠ 图46　　⚠ 图47　　⚠ 图48　　⚠ 图49

导出视频

对视频进行剪辑、润色并添加背景音乐后，就可以将其导出保存或者上传到抖音、快手中进行发布了。

❶ 点击剪映右上角的"1080P"字样，如图50所示。

❷ 打开如图51所示的界面，对"分辨率"和"帧率"进行设置，然后点击右上角的"导出"按钮即可。一般情况下，将"分辨率"设置为1080p，将"帧率"设置为30就可以。但如果有充足的存储空间，则建议将"分辨率"和"帧率"均设置为最高。

❸ 成功导出后，即可在相册中查看该视频，或者点击"抖音"或"西瓜视频"按钮直接进行发布，如图52所示。

⚠ 图50　　　　　　⚠ 图51　　　　　　⚠ 图52

第 2 章
掌握剪映进阶功能

使用"分割"功能让视频剪辑更灵活

"分割"功能的作用

当需要将视频中的某部分删除时，需要使用分割工具。此外，如果想调整一整段视频的播放顺序，同样需要先利用分割功能将其分割成多个片段，然后对播放顺序进行重新组合，这种视频剪辑方法即被称为"蒙太奇"。

利用"分割"功能截取精彩片段

导入一段素材后，往往只需要截取出其中的某个部分。当然，通过选中视频片段并拉去"白框"，同样可以实现"截取片段"的目的。但在实际操作过程中，该方法的精确度不是很高。因此，如果需要精确截取片段，就需要用到"分割"功能。

❶ 将时间轴拉长，从而可以精确定位精彩片段的起始位置。确定起始位置后，点击界面下方的"剪辑"按钮，如图1所示。

❷ 点击界面下方的"分割"按钮，如图2所示。

❸ 此时会发现在所选位置出现黑色实线及 I 图标，表示在此处分割了视频，如图3所示。将时间线拖动至精彩片段的结尾处，按照同样的方法对视频进行分割。

◈ 图1　◈ 图2　◈ 图3

❹ 将时间轴缩短，即可发现在两次分割后，原本只有一段的视频变为了3段，如图4所示。

❺ 分别选中前后两段视频，点击界面下方"删除"按钮，如图5所示。

❻ 当前后两段视频被删除后，就只剩下需要保留下来的那段精彩画面了，点击界面右上角的"导出"按钮即可保存视频，如图6所示。

△ 图4

△ 图5

△ 图6

提示

　　一段原本5秒的视频，通过分割功能截取其中的2秒。此时选中该段2秒的视频，并拉动其"白框"，依然能够将其恢复为5秒的视频。因此，不要认为分割并删除无用的部分后，那部分会彻底"消失"。之所以提示读者此点知识，是因为在操作过程中如果不小心拉动了被分割视频的白框，那么被删除的部分就会重新出现。如果没有即时发现，很可能会影响接下来的一系列操作。

使用"编辑"功能对画面进行二次构图

"编辑"功能的作用

　　如果前期拍摄的画面有些歪斜，或者构图存在问题，那么通过"编辑"功能中的旋转、镜像、裁剪等工具，可以在一定程度上进行弥补。但需要注意的是，除了"镜像"功能，另外两种功能都会或多或少降低画面像素。

利用"编辑"功能调整画面

　　❶ 选中一个视频片段后，即可在界面下方找到"编辑"按钮，如图7所示。

　　❷ 点击"编辑"按钮，会看到有3种操作可供选择，分别为"旋转""镜像"和"裁剪"，如图8所示。

　　❸ 点击"裁剪"按钮，进入如图9所示的裁剪界面。通过调整白色裁剪框的大小，再加上移动被裁剪的画面，即可确定裁剪位置。

　　需要注意的是，一旦选定裁剪范围后，整段视频画面均会被裁剪。并且在裁剪界面的静态画面只能是该段视频的第一帧。因此，如果需要对一个片段中画面变化较大的部分进行裁剪，则建议先将该部分截取出来，然后单独导出，再打开剪映，导入该视频进行裁剪操作，这样才能更准确地裁剪出自己喜欢的画面。

❹ 点击该界面下方的比例，即可固定裁剪框比例进行裁剪，如图10所示。

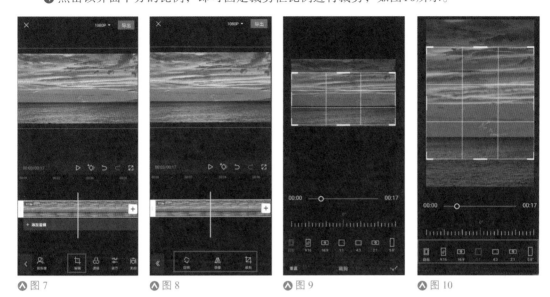

⚠ 图7　　　　　　⚠ 图8　　　　　　⚠ 图9　　　　　　⚠ 图10

❺ 调节界面下方的"标尺"，即可对画面进行旋转，如图11所示。对于一些拍摄歪斜的素材，可以通过该功能进行校正。

❻ 若在图8中单击"镜像"按钮，视频画面会与原画面形成镜像对称，如图12所示。

❼ 若在图8中单击"旋转"按钮，则根据点击的次数，分别旋转90°、180°、270°，也就是只能调整画面的整体方向，如图13所示。与上文所说的可以精细调节画面水平的"旋转"是两个功能。

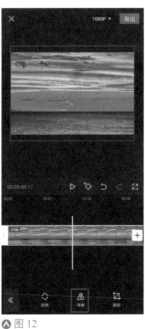

⚠ 图11　　　　　　⚠ 图12　　　　　　⚠ 图13

使用"变速"功能让视频张弛有度

"变速"功能的作用

当录制一些运动中的景物时，如果运动速度过快，那么通过肉眼是无法清楚观察到每一个细节的。此时可以使用"变速"功能降低画面中景物的运动速度，形成慢动作效果，从而使每一个瞬间都能清晰呈现。

而对于一些变化太过缓慢，或者比较单调、乏味的画面，则可以通过"变速"功能适当提高速度，形成快动作效果，从而减少这些画面的播放时间，让视频更加生动。

另外，通过曲线变速功能，可以让画面的快与慢形成一定的节奏感，从而大大提高观看体验。

利用"变速"功能实现快动作与慢动作混搭视频

❶ 将视频导入剪映后，点击界面下方的"剪辑"按钮，如图14所示。

❷ 点击界面下方的"变速"按钮，如图15所示。

❸ 剪映提供了两种变速方式，一种是"常规变速"，也就是对所选的视频进行统一调速；另一种是"曲线变速"，可以有针对性地对一段视频中的不同部分进行加速或者减速处理，而且加速、减速的幅度可以自行调节，如图16所示。

⚠ 图14

⚠ 图15

⚠ 图16

❹ 如果选择"常规变速"，可以通过滑动条控制加速或者减速的幅度。"1×"为原始速度，"0.5×"为2倍慢动作，"0.2×"为5倍慢动作，以此类推，即可确定慢动作的倍数，如图17所示。

❺ "2×"表示2倍快动作，剪映最高可以实现"100×"快动作，如图18所示。

❻ 如果选择"曲线变速"，则可以直接使用预设好的速度，为视频中的不同部分添加慢动作或者快动作效果。但大多数情况下，都需要使用"自定"选项，根据视频进行手动设置，如图19所示。

▲ 图 17

▲ 图 18

▲ 图 19

❼ 选择"自定"选项后，该图标变为红色，再次点击即可进入编辑界面，如图20所示。

❽ 由于需要根据视频自行确定锚点位置，所以并不需要预设锚点。选中锚点后，点击"删除点"按钮，可以将其删除，如图21所示。

❾ 删除后的界面如图22所示。

▲ 图 20

▲ 图 21

▲ 图 22

提示

　　曲线上的锚点除了可以上下拉动，还可以左右拉动，因此不必删除锚点，可以通过拖动已有锚点将其调节至目标位置。但在制作相对较复杂的曲线变速时，锚点数量较多。原有的预设锚点在没有被使用到的情况下，可能会扰乱调节思路，导致忘记个别锚点的作用。所以建议在制作曲线变速前删除原有预设锚点。

⑩ 该演示案例是一段足球视频，其中有对运动员精彩动作的特写，也有大场景的镜头。本次后期处理的目的是，让精彩的特写镜头以慢动作呈现，而大场景的镜头则以快动作呈现。因此，移动时间线，将其定格在精彩特写镜头开始的位置，并点击"添加点"按钮，如图23所示。

⑪ 再将时间线定位到大场景的画面，并点击"添加点"按钮。向下拖动上一步在精彩镜头开始位置创建的锚点，即可形成慢动作效果；适当向上移动大场景镜头的锚点，即可形成快动作效果。由于曲线是连贯的，所以从慢动作到快动作的过程具有渐变效果，调整后如图24所示。

⑫ 按照这个思路，在精彩镜头和大场景开始的时刻分别建立锚点，并分别向下拉动、向上拉动锚点形成慢动作和快动作效果，最终形成的曲线如图25所示。

⑬ 由于该案例的每个画面持续时间较短，并且画面切换频率较高，所以通过单独拉动一个锚点就可以满足变速需求。而当希望让较长时间的画面呈现慢动作或快动作效果时，就需要通过两个锚点，让曲线稳定在同一变速数值（纵轴），如图26所示。

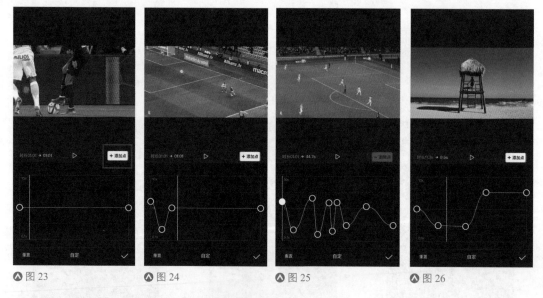

⬆图 23　　　　⬆图 24　　　　⬆图 25　　　　⬆图 26

使用"定格"功能凝固精彩瞬间

"定格"功能的作用

"定格"功能可以将一段动态视频中的某个画面凝固下来，从而起到突出某个瞬间的效果。另外，如果一段视频中多次出现定格画面，并且其时间点也与音乐节拍相匹配，就可以让视频具有律动感。

利用"定格"功能凝固精彩舞蹈瞬间

❶ 移动时间轴，选择希望进行定格的画面，如图27所示。

❷ 保持时间轴位置不变，选中该视频片段，此时即可在工具栏中找到"定格"选项，如图28所示。

❸ 选择"定格"选项后，在时间轴的右侧即会出现一段时长为3秒的静态画面，如图29所示。

◈ 图 27

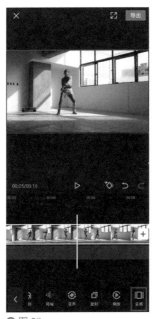

◈ 图 28

◈ 图 29

❹ 定格出来的静态画面可以随意拉长或者缩短。为了避免静态画面时间过长导致视频乏味，所以此处将其缩短至1.2秒，如图30所示。

❺ 按照相同的方法，可以为一段视频中任意一个画面做定格处理，并调整其持续时长。

❻ 为了让定格后的静态画面更具观赏性，笔者在这里为其增加了"抖动"特效。注意将特效的时长与"定格画面"对齐，从而凸显视频节奏的变化，如图31所示。

◈ 图 30

◈ 图 31

使用"倒放"功能制作"鬼畜"效果

"倒放"功能的作用

所谓"倒放"功能，就是可以让视频从后往前播放。当视频记录的是一些随时间发生变化的画面时，如花开花落，日出日暮等，应用此功能可以营造出一种时光倒流的视觉效果。

由于此种应用方式过于常见，而且很简单，所以本节通过制作曾经非常流行的"鬼畜"效果，来讲解"倒放"功能的使用方法。

利用"倒放"功能制作"鬼畜"效果

❶ 使用"分割"工具，截取下视频中的一个完整动作。此处截取的是画面中人物端起水杯到嘴边的动作，如图32所示。

❷ 选中截取后的素材，点击界面下方的"复制"按钮，如图33所示。

❸ 选中刚复制的素材，点击界面下方的"倒放"按钮，从而营造出人物拿起水杯又放下的效果，如图34所示。

❹ 再次选中原始的素材视频，将其复制，并将复制后的商品移动到轨道末端，如图35所示。至此，就形成了一个简单的"鬼畜"循环——水杯拿起又放下，接着又拿起。

⚠ 图 32　　　　⚠ 图 33　　　　⚠ 图 34　　　　⚠ 图 35

提示

在该步骤中，也可以选中第1段视频素材进行倒放。因为只要满足在3段同一动作的视频中，中间那段与其他两段播放顺序相反即可。

⑤ 最后，为每一个片段做加速处理，使动作速度更快，形成"鬼畜"画面效果。变速倍数需要根据原视频本身动作速率，通过多次尝试后进行确定，此处设置为"7.6×"左右，如图36所示。

△ 图36

通过"防抖"和"降噪"功能提高视频质量

"防抖"和"降噪"功能的作用

在使用手机录制视频时，很容易在运镜过程中出现画面晃动的问题。利用剪映中的"防抖"功能，可以明显减弱晃动幅度，让画面看起来更加平稳。

利用"降噪"功能，可以降低户外拍摄视频时产生的噪声。如果在安静的室内拍摄视频，其本身就几乎没有噪声的情况下，"降噪"功能还可以明显提高人声的音量。

"防抖"和"降噪"功能的使用方法

❶ 选中一段视频素材，点击界面下方的"防抖"按钮，如图37所示。

❷ 在弹出的菜单中选择"防抖"的程度，一般设置为"推荐"即可，如图38所示。此时即完成视频"防抖"操作。

❸ 在选中视频片段的情况下，点击界面下方的"降噪"按钮，如图39所示。

❹ 将界面右下角的"降噪开关"打开，即完成降噪，如图40所示。

△ 图37

△ 图38 △ 图39

△ 图40

形影不离的"画中画"与"蒙版"功能

"画中画"与"蒙版"功能的作用

通过"画中画"功能可以让一个视频画面中出现多个不同的画面，这是该功能最直接的利用方式。但"画中画"功能更重要的作用在于，可以形成多条视频轨道。利用多条视频轨道，再结合"蒙版"功能，就可以控制画面局部的显示效果。

所以，"画中画"与"蒙版"功能往往同时使用。扫描本书封底二维码可以获取相应视频教学课件。

"画中画"功能的使用方法

❶ 首先为剪映添加一个"黑场"素材，如图41所示。

❷ 将画面比例设置为9:16，并让"黑场"铺满整个画面，然后点击界面下方的"画中画"按钮（此时不要选中任何视频片段），继续点击"新增画中画"按钮，如图42所示。

❸ 选中要添加的素材后，即可调整"画中画"在视频中的显示位置和大小，并且界面下方也会出现"画中画"轨道，如图43所示。

❹ 当不再选中"画中画"轨道后，即可再次点击界面下方"新增画中画"按钮添加画面。结合"编辑"工具，还可以对该画面进行排版，如图44所示。

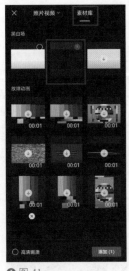

⚠ 图 41

⚠ 图 42

⚠ 图 43

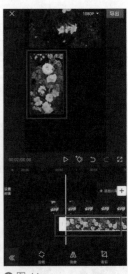

⚠ 图 44

利用"画中画"与"蒙版"功能控制画面显示

当画中画轨道中的每一个画面都不重叠时，所有画面都能完整显示。一旦出现重叠，有些画面就会被遮挡。利用"蒙版"功能，则可以选择哪些区域被遮挡，哪些区域不被遮挡。

❶ 同样是上一小节中的素材，如果将两段视频均充满画面，就会产生遮挡，其中一个视频的画面会无法显示，如图45所示。

❷ 在剪映中有"层级"的概念，其中主视频轨道为0级，每多一条画中画轨道就会多一个层级。在当前案例中，有两条画中画轨道，所以会有"1级"和"2级"。它们之间的覆盖关系是——层级数值大的轨道覆盖层级数值小的轨道。也就是"1级"覆盖"0级"，"2级"覆盖"1级"，以此类推。选中一条画中画视频轨道，点击界面下方的"层级"选项，即可设置该轨道的层级，如图46所示。

❸ 剪映默认处于下方的视频轨道会覆盖处于上方的视频轨道。然而由于画中画轨道可以设置层级，所以如果选中位于中间的画中画轨道，并将其层级从"1级"改为"2级"（针对此案例），那么中间轨道的画面则会覆盖主视频轨道与最下方视频轨道的画面，如图47所示。

⚠ 图45

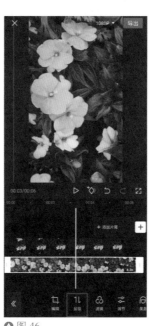
⚠ 图46

⚠ 图47

❹ 为了让各位更容易理解蒙版的作用，所以先将"层级"恢复为默认状态，也就是最下方的视频轨道，层级最高。然后选中最下方的画中画轨道，并点击界面下方的"蒙版"按钮，如图48所示。

❺ 选中一种"蒙版"样式，所选视频轨道画面将会出现部分显现的情况，而其余部分则会显示原本被覆盖的画面，如图49所示。通过这种方式，就可以有选择地调整画面中显示的内容。

⑥ 若希望将主轨道的其中一段视频素材切换到画中画轨道，可以在选中该段素材后，点击界面下方的"切画中画"按钮。但有时该选项是灰色的，无法选择，如图50所示。

⑦ 此时不要选中任何素材片段，点击"画中画"选项，在显示如图51所示的界面时，再选中希望"切画中画"的素材，就可以选择"切画中画"功能了。

⚊ 图 48　　　　⚊ 图 49　　　　⚊ 图 50　　　　⚊ 图 51

利用"智能抠像"与"色度抠图"功能实现一键抠图

"智能抠像"与"色度抠图"功能的作用

通过"智能抠像"功能可以快速将人物从画面中抠取出来，从而进行替换人物背景等操作。而"色度抠图"功能则可以将在"绿幕"或者"蓝幕"下的景物快速抠取出来，方便进行视频图像的合成。扫描本书封底二维码可以获取视频教学课件。

使用"智能抠像"功能快速抠出人物的方法

❶ "智能抠像"功能的使用方法非常简单，只需选中画面中有人物的视频，然后点击界面下方的"智能抠像"按钮即可。但为了让读者能够看到抠图的效果，所以此处先"定格"一个有人物的画面，如图52所示。

❷ 然后将定格后的画面切换到"画中画"轨道，如图53所示。

❸ 选中"画中画"轨道，点击界面下方的"智能抠像"按钮，此时即可看到被抠取出的人物，如图54所示。

⚠ 图 52

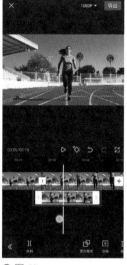
⚠ 图 53

⚠ 图 54

提示

　　"智能抠像"功能并非总能像案例中展示的，近乎完美地抠出画面中的人物。如果希望提高"智能抠像"功能的准确度，建议选择人物与背景的明暗或者色彩具有明显差异的画面，从而使人物的轮廓更加清晰、完整，没有过多的干扰。

使用"色度抠图"功能进行绿幕素材合成

❶ 导入一张图片素材，调节比例至9∶16，并让该图片充满整个画面，如图55所示。

❷ 将绿幕素材添加至"画中画"轨道中，同样使其充满整个画面，并点击界面下方的"色度抠图"按钮，如图56所示。

❸ 将"取色器"中间的很小的"白框"移动到绿色区域，如图57所示。

❹ 选择"强度"选项，并向右拉动滑动条，即可将绿色区域"抠掉"，如图58所示。

⚠ 图 55

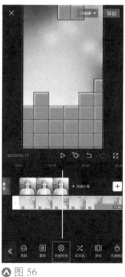
⚠ 图 56

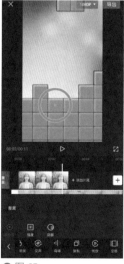
⚠ 图 57

⚠ 图 58

❺ 对于某些绿幕素材，即便将"强度"滑动条拉动到最右侧，可能依旧无法将绿色完全抠掉。此时，可以先小幅度提高强度数值，如图59所示。

❻ 将绿幕素材放大，再次单击"色度抠图"按钮，仔细调整"取色器"位置到残留的"绿色区域"，直到可以最大限度地抠掉绿色，如图60所示。

❼ 接下来再次选择"强度"选项，并向右拉动滑动条，就可以更好地抠除绿色区域，如图61所示。

❽ 最后，选择"阴影"选项，适当提高该数值，可以让抠图的边缘更平滑，如图62所示。抠图完成后，注意要恢复绿幕素材的位置。

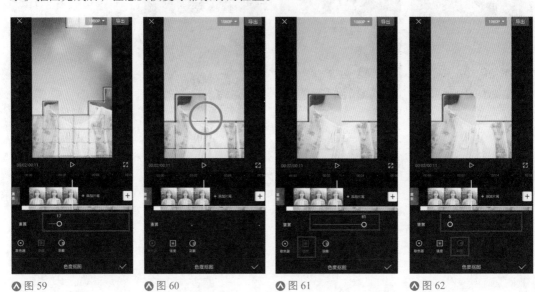

⚠ 图 59　　　　⚠ 图 60　　　　⚠ 图 61　　　　⚠ 图 62

利用"关键帧"功能让画面动起来

"关键帧"功能的作用

如果在一条轨道上添加了两个关键帧，并且在后一个关键帧处改变了显示效果，如放大或者缩小画面，移动贴纸位置或蒙版位置，修改了滤镜参数等操作，那么在播放两个关键帧之间的轨道时，就会出现第一个关键帧所在位置的效果逐渐转变为第二个关键帧所在位置的效果。

因此，通过这个功能可以让一些原本不会移动的、非动态的元素在画面中动起来，或者让一些后期增加的效果随时间渐变。扫描本书封底二维码可以获取相关视频教学课件。

利用"关键帧"功能让贴纸移动

❶ 首先为画面添加一个"播放类图标"贴纸，再添加一个"鼠标箭头"贴纸，如图63所示。

❷ 接下来要通过"关键帧"功能，让原本不会移动的"鼠标箭头"贴纸动起来，形成从画面一角移动到"播放"图标的效果。

将"鼠标箭头"贴纸移动到画面的右下角，再将时间轴移动至该贴纸轨道最左端，点击界面中的◇图标，添加一个关键帧，如图64所示。

❸ 将时间轴移动到"鼠标箭头"贴纸轨道的最右侧，然后移动贴纸位置至"播放"图标处，此时剪映会自动在时间轴所在位置添加一个关键帧，如图65所示。

至此，就实现了"鼠标箭头"贴纸逐渐从角落移动至"播放"图标的效果。

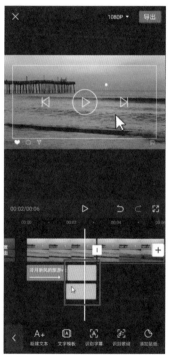
⚠ 图 63

⚠ 图 64

⚠ 图 65

提示

除了案例中的移动贴纸，关键帧还有非常多的应用方式。比如，关键帧结合滤镜，可以实现渐变色的效果；关键帧结合蒙版，可以实现蒙版逐渐移动的效果；关键帧结合视频画面的放大与缩小，可以实现拉镜、推镜的效果；关键帧甚至还能够与音频轨道相互结合，实现任意阶段的音量渐变效果等。总之，关键帧是剪映中非常实用的一个工具，利用它可以实现很多创意效果。

第3章

用文字让视频图文并茂

　　为了让视频的信息更丰富，让重点更突出，很多视频都会添加一些文字，如视频的标题、字幕、关键词、歌词等。除此之外，为文字增加动画及特效，并安排在恰当的位置，还能够让视频画面更具美感。

　　本章将专门针对剪映中与"文字"相关的功能进行讲解，帮助读者制作出"图文并茂"的视频。

为视频添加标题

❶ 将视频导入剪映后，点击界面下方的文字按钮，如图1所示。

❷ 继续点击界面下方的"新建文本"按钮，如图2所示。

❸ 输入希望作为标题的文字，如图3所示。

❹ 切换到"样式"选项卡，在其中可以更改字体和颜色。而文字的大小则可以通过"放大"或者"缩小"的手势进行调整，如图4所示。

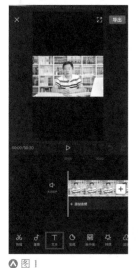
◢ 图1

◢ 图2

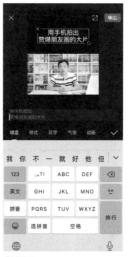
◢ 图3

◢ 图4

❺ 为了让标题更突出，当文字的颜色设定为橘黄色后，选择界面下方的"描边"选项卡，将边缘设为蓝色，从而利用对比色让标题更鲜明，如图5所示。

❻ 确定好标题的样式后，还需要通过"文本"轨道和时间线来确定标题显示的时间。在本案例中，希望标题始终出现在视频界面，所以让"文本"轨道完全覆盖"视频"轨道，如图6所示。

◢ 图5

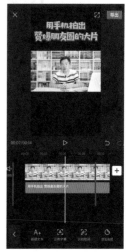
◢ 图6

为视频添加字幕

❶ 将视频导入剪映后，点击界面下方的"文字"按钮，并选择"识别字幕"选项，如图7所示。

❷ 在点击"开始识别"按钮之前，建议选中"同时清空已有字幕"单选按钮，防止在反复修改时出现字幕错乱的问题，如图8所示。

❸ 自动生成的字幕会出现在视频下方，如图9所示。

⌃图7　　　　⌃图8　　　　⌃图9

❹ 点击字幕并拖动，即可调整其位置。通过"放大"或者"缩小"的手势，可调整字幕大小，如图10所示。

❺ 值得一提的是，当对其中一段字幕进行修改后，其余字幕将自动进行同步修改（默认设置下），比如在调整位置并放大图10中的字幕后，图11中的字幕位置和大小将同步得到修改。

❻ 同样，还可以对字幕的颜色和字体进行详细调整，如图12所示。另外，如果取消选择图12红框内的"样式、花字、气泡、位置应用到识别字幕"复选框，则可以在不影响其他字幕效果的情况下，单独对某一段字幕进行修改。

⌃图10　　　　⌃图11　　　　⌃图12

让视频中的文字动起来

为文字添加"动画"的方法

如果想让画面中的文字动起来，最常用的方法就是为其添加"动画"。具体操作方法如下。

❶ 选中一段文字轨道，并点击界面下方的"动画"按钮，如图13所示。

❷ 在界面下方选择为文字添加"入场动画""出场动画"还是"循环动画"。"入场动画"往往与"出场动画"一同使用，从而让文字的出现与消失都更自然。选中其中一种"入场动画"后，下方会出现控制动画时长的滑动条，如图14所示。

❸ 选择一种"出场动画"后，控制动画时长的滑动条会出现红色部分。控制红色线段的长度，即可调节出场动画的时长，如图15所示。

❹ 当画面中的文字需要长时间停留在画面中，又希望其处于动态效果时，往往使用"循环动画"。需要注意的是，"循环动画"不能与"入场动画"和"出场动画"同时使用。一旦设置了"循环动画"，即便之前已经设置了"入场动画"或"出场动画"，也会自动将其取消。

同时，在设置了"循环动画"后，界面下方的"动画时长"滑动条将更改为"动画速度"滑动条，如图16所示。

⚠ 图13

⚠ 图14

⚠ 图15

⚠ 图16

提示

应该通过视频的风格和内容来选择合适的文字动画。比如当制作"日记本"风格的Vlog视频时，如果文字标题需要长时间出现在画面中，那么就适合使用"循环动画"中的"轻微抖动"或者"调皮"效果，从而既避免了画面死板，又不会因为文字动画幅度过大而影响视频表达。一旦选择了与视频内容不相符的文字动画效果，则很可能让观赏者的注意力难以集中到视频本身上。

利用文字动画制作"打字"效果

很多视频的标题都是通过"打字"效果进行展示的。这种效果是利用文字入场动画与音效相配合实现的。下面就通过一个简单的实例教学，来讲解文字添加动画效果的操作方法。

❶ 首先选择希望制作"打字"效果的文字，并添加"入场动画"分类下的"打字机Ⅰ"动画，如图17所示。

❷ 依次点击界面下方的"音频"和"音效"按钮，为其添加"机械"分类下的"打字声"音效，如图18所示。

❸ 为了让"打字声"音效与文字出现的时机相匹配（文字在视频一开始就逐渐出现），所以适当减少"打字声"音效的开头部分，从而令音效也在视频开始时就出现，如图19所示。

❹ 接下来要让文字随着"打字声"音效逐渐出现，所以要调节文字动画的速度。再次选择文本轨道，点击界面下方的"动画"按钮，如图20所示。

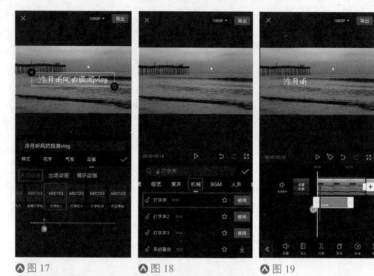

▲图 17   ▲图 18   ▲图 19

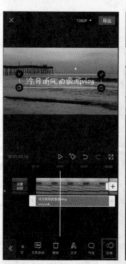

▲图 20

▲图 21

❺ 适当增加动画时间，并反复试听，直到最后一个文字出现的时间点与"打字声"音效结束的时间点基本一致即可。对于本案例而言，当"入场动画"时长设置为1.6秒时，与"打字声"音效基本匹配，如图21所示。至此，"打字"效果即制作完成。

通过"朗读文本"功能让视频自己会说话

读者在刷抖音时肯定听到过一个熟悉的女声,这个声音在很多教学类、搞笑类、介绍类短视频中都很常见。有些人以为是进行配音后再做变声处理。其实没有那么麻烦,只需利用"朗读文本"功能就可以轻松实现。扫描本书封底二维码可以获取相关视频教学课件。

❶ 选中已经添加好的文本轨道,点击界面下方的"文本朗读"按钮,如图22所示。

❷ 在弹出的选项中,可以选择喜欢的音色。大家在抖音中经常听到的正是"小姐姐"音色,如图23所示。简单两步,视频中就会自动出现所选文本的语音。

❸ 利用同样的方法,让其他文本轨道也自动生成语音。但这时会出现一个问题,相互重叠的"文本"轨道导出的语音也会互相重叠。此时切记不要调节"文本"轨道,而是要点击界面下方的"音频"按钮,从而看到已经导出的各条"语音"轨道,如图24所示。

▲ 图22

▲ 图23

▲ 图24

❹ 只需让"语音"轨道彼此错开,就可以解决语音相互重叠的问题,如图25所示。

❺ 如果希望实现视频中没有文字,但依然有"小姐姐"音色的语音,可以通过以下两种方法实现。

方法一:在生成语音后,将相应的"文本"轨道删掉即可。

方法二:在生成语音后,选中"文本"轨道,点击"样式"按钮,并将"透明度"设置为0即可,如图26所示。

▲ 图25

▲ 图26

文艺感十足的文字镂空开场

文字镂空开场既可以展示视频标题等其他文字信息，又可以让画面显得文艺感十足，是制作微电影、Vlog等视频常用的开场方式。

制作文字镂空开场的重点在于利用关键帧制作文字缩小效果，再利用蒙版及合适的动画制作"大幕拉开"的效果。扫描本书封底二维码可以获取相关视频教学课件。

步骤一：制作镂空文字效果

首先需要实现镂空文字效果，具体操作方法如下。

❶ 点击"开始创作"按钮后，添加"素材库"中的"黑场"素材，如图27所示。

❷ 点击界面下方的"文字"按钮后添加文本，注意设置文字的颜色为白色，然后将文字调整到画面中间位置，效果如图28所示。

❸ 截屏当前画面，并将文字部分使用手机中的截图工具以16∶9的比例进行裁剪并保存，从而得到镂空文字的图片，如图29所示。

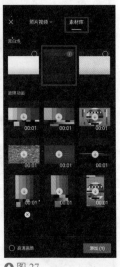

⋀ 图 27

⋀ 图 28

⋀ 图 29

❹ 退出剪映并点击"开始创作"按钮，导入准备好的视频素材，如图30所示。

❺ 点击界面下方的"画中画"按钮，如图31所示，将保存好的文字图片导入。

❻ 导入文字图片后，不要调整其位置。点击界面下方"混合模式"按钮，如图32所示，选择"变暗"模式，此时即可实现文字镂空效果，如图33所示。

提示

当视频素材中的高光面积较大时，可以让镂空文字与周围的黑色背景产生较强的明暗对比，从而让文字的轮廓更清晰，呈现出更好的视觉效果。因此，建议所选素材的高光区域最少占画面的1/2左右。

⋀ 图 30

⋀ 图 31

⋀ 图 32

⋀ 图 33

步骤二：制作文字逐渐缩小的效果

接下来，需要实现让被放大的开场文字逐渐缩小至正常大小，具体操作方法如下。

❶ 在不改变文字图片位置的情况下放大该图片，并将时间轴调整到文字图片的起点，点击轨道上方的 图标，添加关键帧，如图34所示。

❷ 再将时间轴移动到希望文字恢复正常大小的时间点，此处选择为视频播放后3秒。选中视频轨道，点击界面下方的"分割"按钮，如图35所示。

❸ 选择文字图片轨道，将其末端与分割后的第一段视频素材对齐，并调整该图片大小至刚好覆盖视频素材，此时剪映会自动再添加一个关键帧，从而实现文字逐渐缩小效果，如图36所示。

⋀ 图 34

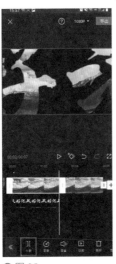
⋀ 图 35

⋀ 图 36

提示

在该步骤中，第2步和第1步的顺序可以互换，不影响制作效果。另外，将时间轴移动到某个已添加的关键帧时，原来的"增加关键帧"工具将自动转变为"去掉关键帧"工具。

步骤三：为文字图片添加蒙版

为了让文字呈现出"大幕拉开"效果，需要添加"线性蒙版"，具体操作方法如下。

❶ 选中之前进行关键帧处理的文字图片并复制，如图37所示。

❷ 移动时间轴至复制图片的关键帧，再次点击关键帧图标，取消复制文字图片的关键帧（首尾共两个），如图38所示。

❸ 选中复制的文字图片，点击界面下方的"蒙版"按钮，如图39所示。

⌃ 图 37

⌃ 图 38

⌃ 图 39

❹ 选择线性蒙版，此时下半部的文字已经消失，如图40所示。

❺ 复制刚刚添加了蒙版的文字图片，并将复制后的图片移动到其下方，同时对齐两端，如图41所示。

❻ 选中上一步中复制的文字图片，再次单击"蒙版"按钮，并点击左下角的"反转"按钮，得到的画面效果如图42所示。

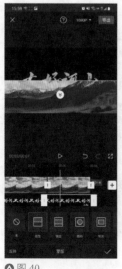
⌃ 图 40

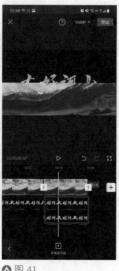
⌃ 图 41

⌃ 图 42

步骤四：实现"大幕拉开"动画效果

利用线性蒙版将文字图片分为"上下"两部分后，就可以添加动画实现"大幕拉开"效果，具体操作方法如下。

❶ 先选中轨道位置在上方的文字图片，点击"动画"选项，如图43所示。

❷ 继续点击"出场动画"按钮。如图44所示。

❸ 选择"向上滑动"动画，并将动画时长拉满，如图45所示。

❹ 然后选择轨道位置在下方的文字图片，其操作与上方文字图片几乎完全一致，唯一的区别是选择"向下滑动"动画，如图46所示。最后再添加一首与视频素材内容相匹配的背景音乐，即可完成"文字镂空开场"动画的制作。

◇ 图 43

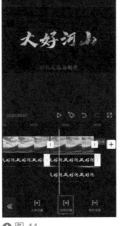
◇ 图 44

◇ 图 45

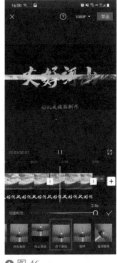
◇ 图 46

提示

　　按照该流程制作的文字镂空开场动画，会在文字刚刚恢复到正常大小后就立刻上下分离。

　　但如果想让正常大小的镂空文字图片效果持续一段时间，再呈现"大幕拉开"效果该如何进行操作呢？

　　其实只需将分割的第一段视频素材向右侧拉动，拉动的时长就是镂空文字保持正常大小的时长。

　　然后将两层添加蒙版的图片轨道向右移动，与分割后的第二段视频素材对齐，如图47所示。

　　最后将添加了关键帧的文字图片也相应地向右拉动，与视频素材对齐即可，如图48所示。

◇ 图 47

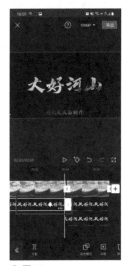
◇ 图 48

第 4 章
通过音乐让视频更精彩

音乐在视频中的作用

如果没有音乐，只有动态的画面，视频就会给人一种"干巴巴"的感觉。所以，为视频添加背景音乐是很多视频后期的必要操作。

烘托视频情绪

有的视频画面很平静、淡然，有的视频画面很紧张、刺激。为了让视频的情绪更强烈，让观众更容易被视频的情绪所感染，添加音乐是一个关键步骤。

在剪映中有多种不同分类的音乐，如"舒缓""轻快""可爱""伤感"等，就是根据"情绪"进行分类，从而让读者可以根据视频的情绪，快速找到合适的背景音乐，如图1所示。

为剪辑节奏打下基础

剪辑的一个重要作用就是控制不同画面出现的节奏，而音乐同样也有节奏。当每一个画面转换的时刻点均为音乐的节拍点，并且转换频率较快时，就是非常流行的"音乐卡点"视频。

这里需要强调的是，即便不是为了特意制作"音乐卡点"效果，在画面转换时如果与其节拍相匹配，也会让视频的节奏感更好。

△ 图1

为视频添加音乐的方法

直接从剪映"音乐库"中添加音乐

使用剪映为视频添加音乐的方法非常简单，只需以下3步即可。

❶ 在不选中任何视频轨道的情况下，点击界面下方的"音频"按钮，如图3所示。

❷ 然后点击界面下方的"音乐"选项，如图4所示。

❸ 接下来可以在界面上方，从各个分类中选择希望使用的音乐，或者在搜索栏中输入某个音乐名称。也可以在界面下方从"推荐音乐"或者"我的收藏"中选择音乐。

点击音乐右侧的"使用"按钮，即可将其添加至音频轨道，点击☆图标，即可将其添加到"我的收藏"分类下，如图5所示。

提示

在添加背景音乐时，也可以点击视频轨道下方的"添加音频"选项，与点击"音频"选项的作用是相同的，如图2所示。

△ 图2

⚠ 图3

⚠ 图4

⚠ 图5

利用"提取音乐"功能使用不知道名字的BGM

如果在一些视频中听到了自己喜欢的背景音乐，但又不知道音乐的名字，可以通过"提取音乐"功能将其添加到自己的视频中。具体操作方法如下。

❶ 首先要准备好具有该背景音乐的视频，然后依次点击界面下方的"音频""提取音乐"按钮，如图6所示。

❷ 选中已经准备好的，具有好听背景音乐的视频，并点击"仅导入视频的声音"按钮，如图7所示。

❸ 提取出的音乐即会在时间线的音频轨道上出现，如图8所示。

⚠ 图6

⚠ 图7

⚠ 图8

为视频进行"配音"并"变声"

在视频中除了可以添加音乐，有时也需要加入一些语言来辅助表达。剪映不但具备配音功能，还可以对语音进行变声，从而制作出更有趣的视频，具体操作方法如下。

❶ 如果在前期录制视频时录下了一些杂音，那么在配音之前，需要先将原视频声音关闭，否则会影响配音效果。选中这段待配音的视频后，点击界面下方的"音量"按钮，并将其调整为0，如图9所示。

❷ 点击界面下方的"音频"按钮，并选择"录音"功能，如图10所示。

❸ 按住界面下方的红色按钮，即可开始录音，如图11所示。

◬ 图 9

◬ 图 10

◬ 图 11

❹ 松开红色按钮，即可完成录音，其音轨如图12所示。

❺ 选中录制的音频轨道，点击界面下方的"变声"按钮，如图13所示。

❻ 选择喜欢的变声效果即可完成"变声"，如图14所示。

◬ 图 12

◬ 图 13

◬ 图 14

利用音效让视频更精彩

当出现与画面内容相符的音效时，会大大增加视频的带入感，让观众更有沉浸感。剪映中自带的"音效库"也非常丰富，下面具体介绍音效的添加方法。

❶ 依次点击界面下方"音频""音效"按钮，如图15所示。

❷ 点击界面中不同的音效分类，如综艺、笑声、机械等，即可选择该分类下的音效。点击音效右侧的"使用"按钮，即可将其添加至音频轨道，如图16所示。

❸ 或者直接搜索希望使用的音效，如"电视故障"，与其相关的音效就都会显示在画面下方。从中找到合适的音效，点击右侧的"使用"按钮即可，如图17所示。

⊼ 图15

⊼ 图16

⊼ 图17

❹ 移动时间轴，找到与音效相关画面（"电视故障"效果）的起始位置，并将音效与时间轴对齐，如图18所示。

❺ 由于音效不是立刻就会"有声音"，所以往往需要将音效向左侧移动一点，从而让画面与音效完美匹配。至于要向左移动多少，则需要根据实际情况进行试听来判断。在本案例中，"电视故障"音效位置如图19所示。

⊼ 图18

⊼ 图19

对音量进行个性化调整

单独调节每个音轨的音量

为一段视频添加了背景音乐、音效或者是配音后，在时间线中就会出现多条音频轨道。为了让不同的音频更有层次感，需要单独调节其音量，具体操作方法如下。

❶ 选中需要调节音量大小的轨道，此处选择的是背景音乐轨道，并点击界面下方的"音量"按钮，如图20所示。

❷ 滑动"音量条"，即可设置所选音频的音量。默认音量为"100"，此处适当降低背景音乐的音量，将其调整为46，如图21所示。

❸ 接下来选择"音效"轨道，并点击界面下方的"音量"按钮，如图22所示。

⋀ 图 20

⋀ 图 21

⋀ 图 22

❹ 适当增加"音效"的音量，此处将其调节为142，如图23所示。

通过此种方法，即可实现单独调整音轨音量，并让声音具有明显的层次感。

❺ 需要强调的是，不但每个音频轨道可以单独调整其音量大小，如果视频素材本身就有声音，那么在选中视频素材后，同样可以点击界面下方的"音量"按钮来调节声音大小，如图24所示。

⋀ 图 23

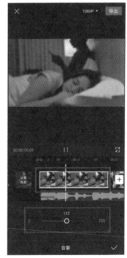
⋀ 图 24

设置"淡入"和"淡出"效果

"音量"的调整只能整体提高或者降低音频声音大小，无法形成由弱到强或者由强到弱的变化。如果想实现音量的渐变，可以为其设置"淡入"和"淡出"效果。

❶ 选中一段音频，点击界面下方的"淡化"按钮，如图25所示。

❷ 通过"淡入时长"和"淡出时长"滑动条，即可分别调节音量渐变的持续时间，如图26所示。

绝大多数情况下，都是为背景音乐添加"淡入"与"淡出"效果，从而让视频的开始与结束均有一个自然的过渡。

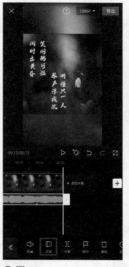

❶ 图25　　❶ 图26

提示

除了通过"淡入"与"淡出"营造音量渐变效果，也可以通过为音频轨道添加键帧的方式，来更灵活地调整音量渐变效果。

制作音乐卡点视频实例教学

❶ 音乐卡点视频的画面切换速度往往很快，因此，所选择的素材往往是静态图片，而不是视频。再通过添加转场、特效等，让图片"动起来"。在剪映中导入制作音乐卡点视频的多张图片，并点击界面下方的"音频"按钮，如图27所示。

❷ 点击界面下方的"音乐"按钮，如图28所示。

❸ 在音乐分类中选择"卡点"选项，此类音乐的节奏感往往很强，如图29所示。

❶ 图27　　　　　　❶ 图28　　　　　　❶ 图29

④ 确定所选音乐后，点击右侧的"使用"按钮，如图30所示。

⑤ 选中添加的视频轨道，点击界面下方的"踩点"按钮，如图31所示。

⑥ 打开界面左侧的"自动踩点"开关，选择"踩节拍Ⅰ"或者"踩节拍Ⅱ"，会在音频轨道上出现"节拍点"。其中"踩节拍Ⅱ"要比"踩节拍Ⅰ"显示更多节点，如图32所示。

◆ 图 30

◆ 图 31

◆ 图 32

⑦ 将每段素材的两端与"黄色节拍点"对齐，如图33所示。

⑧ 虽然画面会根据音乐的节奏进行交替，但效果依然比较单调，建议增加转场、特效及动画等。需要注意的是，一些转场效果会让画面出现渐变，并且在视频轨道上出现如图34所示的"斜线"。此时为了让"卡点"效果更明显，建议调节轨道长度，使斜线前端与音频的"黄色节拍点"对齐。

至此，一个最基本的音乐卡点视频就制作完成了。

◆ 图 33

◆ 图 34

避免出现视频"黑屏"的方法

制作视频时，有时可能会遇到这种情况，明明视频已经"结束"了，却依然有音乐声，并且画面是全黑的。之所以会造成这种情况，是因为添加背景音乐后，音乐轨道比视频轨道长的缘故。按照以下方法进行处理即可避免该问题。

❶ 将时间轴移动到视频末尾稍稍靠左侧一点的位置，并选中音频轨道，如图35所示。

❷ 点击界面下方的"分割"按钮，选中时间轴右侧的音频（多余的音频轨道），然后点击"删除"按钮，如图36所示。

❸ 删除多余的音频轨道后，视频轨道与音频轨道的长度关系如图37所示。注意，每次剪辑视频时，最后都应该让音乐轨道比视频轨道短一点，从而避免出现视频最后"黑屏"的情况。

▲ 图 35

▲ 图 36

▲ 图 37

第 5 章
为视频添加酷炫转场和特效

认识转场

一个完整的视频，通常由多个镜头组合而成，而镜头与镜头之间的衔接就被称为"转场"。

一个合适的转场效果，可以令镜头之间的衔接更加流畅、自然。同时，不同的转场效果也有其独特的视觉语言，从而传达出不同的信息。另外，部分"转场"方式还能够形成特殊视觉效果，让视频更吸引人。

对于专业的视频制作而言，在拍摄前就应该确定如何转场。如果两个画面间的转场需要通过前期的拍摄技术来实现，称为"技巧性转场"；如果两个画面间的转场仅仅依靠其内在的或外在的联系，而不使用任何拍摄技术，则称为"非技巧性转场"。

需要注意的是，"技巧性转场"与"非技巧性转场"没有高低优劣，只有适合与不适合之分。其实在影视剧创作中，绝大部分转场均为"非技巧性转场"，即依赖于前后画面的联系进行转场。所以无论"技巧性转场"还是"非技巧性转场"，在前期拍摄时就已经打好了基础。后期剪辑时，只需将其衔接在一起即可。

但对于普通的视频制作者而言，在拍摄能力不足的情况下，又想实现一些比较酷炫的"技巧性转场"，就需要用到"剪映"中丰富的"转场效果"，直接点击两个视频片段的衔接处就可以添加。下面介绍使用剪映添加转场效果的具体操作方法。

使用剪映添加转场的方法

如前所述，添加"转场效果"的重点在于要让其与画面内容匹配，这样才能起到让两个视频片段衔接自然的目的。添加转场的操作方法如下。

❶ 将多段视频导入剪映后，点击每段视频之间的 Ⅰ 图标，即可进入转场编辑界面，如图1所示。

❷ 由于第一段视频的运镜方式为"拉镜头"，为了让衔接更自然，所以选择一个同样为"拉镜头"的转场效果。选择"运镜转场"选项卡，然后选择"拉远"转场效果。

通过界面下方的"转场时长"滑动条，可以设定转场的持续时间。并且每次更改设定时，转场效果都会自动在界面上方显示。

转场效果和时间都设定完成后，点击右下角的"√"按钮即可；若点击左下角的"应用到全部"按钮，即可将该转场效果应用到所有视频的衔接部分，如图2所示。

❸ 由于第二段视频为近景，第三段视频是特写，所以在视觉感受上，是一种由远及近的递进规律，因此更适合选择"推镜头"这种运镜转场方式。

在"运镜转场"选项卡中选择"推近"转场效果，并适当调整"转场时长"，如图3所示。

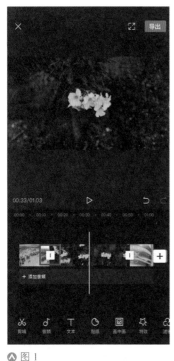

▲ 图 1

▲ 图 2

▲ 图 3

制作文字遮罩转场效果

在前期拍摄时，如果没有为后期剪辑打下制作酷炫转场效果的基础，又不想仅仅局限于剪映提供的这些"一键转场"。那么通过视频后期技术，也可以制作出一些比较震撼的转场效果。本案例中将介绍文字遮罩转场效果的制作方法。

在这种转场效果中，画面中的文字将逐渐放大，直至填充整个画面。由于"文字内"是另一个视频片段的场景，所以就实现了两个画面间的转换。下面将讲解"文字遮罩"转场效果的后期方法。扫描本书封底二维码可以获取相关视频教学课件。

步骤一：让文字逐渐放大至整个画面

首先确定画面中用来"遮罩转场"的文字，然后再让文字出现逐渐放大至整个画面的效果，具体操作方法如下。

❶ 导入一张纯绿色的图片，并将比例调整为16：9，如图4所示。

❷ 整个文字遮罩转场效果需要持续多长时间，就将该绿色图片拉到多长。该案例中，将其拉长到8秒，如图5所示。

❸ 添加用来"遮罩转场"的文字，一般为该视频的标题，并将该文字设置为红色，如图6所示。

◇ 图4　　　　　◇ 图5　　　　　◇ 图6

❹ 将时间轴移动到轨道最左侧，点击◇图标添加关键帧，如图7所示。

❺ 在4秒往右一些的位置再添加一个关键帧，并在此关键帧处将文字放大至如图8所示的状态。

❻ 将时间轴移动到素材轨道的末尾，再添加一个关键帧，在该关键帧处将文字继续放大，直至红色充满整个画面，如图9所示。接下来点击右上角的"导出"按键，将其保存在相册中。

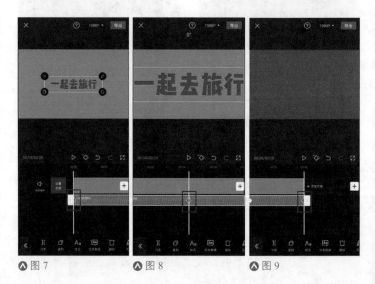

◇ 图7　　　　　◇ 图8　　　　　◇ 图9

提示

　　之所以需要在4秒之后添加一个关键帧，目的是让文字"变大"的速度具有变化。如果没有这个关键帧，文字从初始状态放大到整个画面的过程是匀速的，很容易让观众感到枯燥。另外，在添加了第一个关键帧后，剩余两个关键帧也可以不手动添加。移动时间轴到需要添加关键帧的位置，然后直接放大文字，剪映会自动在时间轴所在位置添加关键帧。

步骤二：让文字中出现画面

既然要制作"转场"效果，必然有两个视频片段。接下来要让文字中出现转场后的画面，具体操作方法如下。

❶ 导入转场之后的视频素材，如图10所示。

❷ 点击界面下方的"调节"按钮，并提高"亮度"数值，让画面更明亮，然后调节比例至16∶9，如图11所示。

之所以进行这一步处理，是因为在该效果中，只有使文字内的画面与文字外的画面有一定的明暗对比，才会更精彩。此处提高画面亮度，就是为了增加与转场前画面的明暗反差。

❸ 点击界面下方的"画中画"按钮，继续点击"新增画中画"按钮，将之前制作好的文字视频导入剪映中，如图12所示。

▲ 图 10

▲ 图 11

▲ 图 12

❹ 调整绿色背景的文字素材，使其充满整个画面，如图13所示。

❺ 选中文字素材，点击界面下方的"色度抠图"按钮，如图14所示。

❻ 将取色器移动到"红色文字"范围，提高"强度"数值，将红色的文字抠掉，从而使文字中出现画面，如图15所示。

❼ 点击界面右上角"导出"按钮，将该视频保存至相册中，如图16所示。

提示

笔者在此处操作时，忘记将剪映默认的片尾删除。当然，在之后的制作过程中也可以将其删除，但会让后期流程显得不是那么顺畅。所以建议各位读者在导出前，将剪映片尾删除。

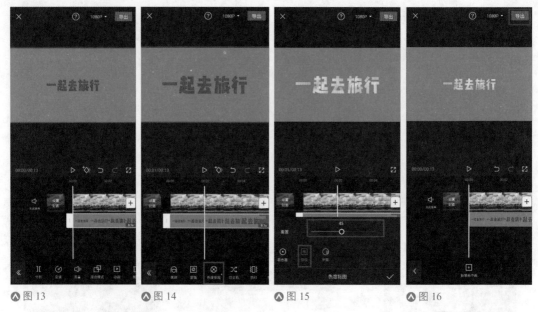

⚠ 图 13　　　　⚠ 图 14　　　　⚠ 图 15　　　　⚠ 图 16

步骤三：呈现文字遮罩转场效果

可以将之前的两个步骤看成是在制作素材，接下来制作"文字遮罩"转场效果，具体操作方法如下。

❶ 将转场前的视频素材导入剪映中，如图17所示。

❷ 点击界面下方"比例"按钮，选择"16∶9"选项，并使素材填充整个画面，如图18所示。

❸ 将"步骤二"中制作好的视频素材以"画中画"的方式导入剪映中，并调整大小，使其填充整个画面，如图19所示。

⚠ 图 17

⚠ 图 18

⚠ 图 19

④ 选中画中画轨道素材，点击界面下方的"色度抠图"按钮，并将取色器选择到绿色区域，如图20所示。

⑤ 提高"强度"数值，即可将绿色区域完全抠掉，从而显示出转场前的画面，如图21所示。

⑥ 将时间轴移至末尾，将主视频轨道与画中画轨道素材的长度进行统一，如图22所示。此处只需保证主视频轨道素材比画中画轨道素材短即可。

至此，"文字遮罩"转场效果就已经制作完成了，将其导出保存至相册中即可。接下来对该效果进行润饰，从而在16：9的比例下呈现出更佳的效果。

▲图20

▲图21

▲图22

> **提示**
>
> 如果觉得文字放大的速度过快或者过慢，可以选中画中画轨道，然后点击界面下方的"变速"按钮，精确调节文字遮罩转场的速度。

步骤四：对画面效果进行润饰

最后，对画面进行润饰，从而使转场效果更精彩，具体操作方法如下。

❶ 将之前制作好的视频再次导入剪映中，并将其比例调整为"9：16"，从而更适合在抖音或者快手平台发布，如图23所示。

❷ 点击界面下方的"背景"按钮，选择"画布模糊"选项，添加一种背景效果，如图24所示。

❸ 点击界面下方的"音频"按钮，为其添加背景音乐，此处选择"酷炫"分类下的"Falling Down"音乐，如图25所示。

▲ 图23

▲ 图24

▲ 图25

❹ 通过试听发现转场后正好有一个明显的低音节拍点，所以在该节拍点处添加特效。这里添加"自然"分类下"晴天光线"特效，如图26所示。

至此，"文字遮罩"转场效果就制作完成了。

▲ 图26

提示

为何不直接在步骤三中将比例改为"16∶9"并添加模糊背景呢？

原因在于，模糊背景均是"以主视频轨道画面"为基准进行画面模糊。而在步骤三中，主视频轨道始终为转场前的画面，这就导致转场后的画面出现时，背景依旧是转场前的背景，画面的割裂感会非常强，如图27所示。

但将视频以"16∶9"的比例导出后，再导入剪映添加背景时，转场前后的画面均位于主视频轨道了，这就使得背景可以与视频融为一体，大大提升画面美感，如图28所示。

▲ 图27

▲ 图28

特效对于视频的意义

剪映中拥有非常丰富的特效，很多初学者往往只是单纯利用特效让画面显得更炫酷。当然，这只是特效的一个重要作用，但特效对于视频的意义绝不仅仅如此，它还可以让视频具有更多可能。

利用特效突出画面重点

一个视频中往往会有几个画面需要进行重点突出，如运动视频中最精彩的动作，或者是带货视频中展示产品时的画面等。单独为这部分画面添加"特效"后，可以与其他部分在视觉效果上产生强烈的对比，从而起到突出视频中关键画面的作用。

利用特效营造画面氛围

对于一些需要突出情绪的视频而言，与情绪相匹配的画面氛围至关重要。而一些场景在前期拍摄时可能没有条件去营造适合表达情绪的环境，那么通过后期添加特效来营造环境氛围则成为了一种有效的替代方案。

利用特效强调画面节奏感

让画面形成良好的节奏是后期剪辑最重要的目的之一。有些比较短促、具有爆发力的特效，可以让画面的节奏感更突出。而利用特效来突出节奏感还有一个好处，就是可以让画面在发生变化时更具观赏性。

使用剪映添加特效的方法

❶ 点击界面下方的"特效"按钮，如图29所示。

❷ 根据效果的不同，剪映将特效分成了不同类别。点击一种类别，即可从中选择希望使用的特效。选择某种特效后，预览界面则会自动播放添加此特效的效果。此处选择"基础"分类下的"开幕"特效，如图30所示。

❸ 在编辑界面下方，即出现"开幕"特效的轨道。按住该轨道，即可调节其位置；选中该轨道，拉动左侧或右侧的"白边"，即可调节特效作用范围，如图31所示。

❹ 如果需要继续增加其他特效，在不选中任何特效的情况下，点击界面下方的"新增特效"按钮即可，如图32所示。

提示

添加特效后，如果切换到其他轨道进行编辑，特效轨道将被隐藏。如需再次对特效进行编辑，点击界面下方的"特效"按钮即可。

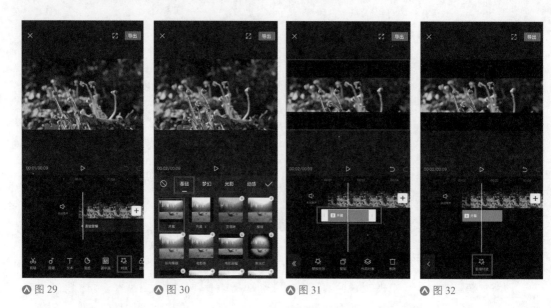

◎ 图29　　　　　◎ 图30　　　　　◎ 图31　　　　　◎ 图32

用特效营造视频氛围——漫画变身教程

本节将通过"漫画变身"效果的实操案例让读者更好地理解特效的作用。在"漫画变身"效果中，最主要的看点就是从现实中的人物变身为漫画效果的瞬间。为了让这一瞬间更加突出，需要利用特效来营造缤纷烂漫的氛围。下文将讲解"漫画变身"效果的后期制作方法，要特别注意添加特效后对视频效果的影响。扫描本书封底二维码可以获取相关视频教学课件。

步骤一：导入图片素材并确定背景音乐

由于该变身效果的转折点是根据背景音乐确定的，所以在导入图片素材后就应该确定背景音乐，具体操作方法如下。

❶ 导入图片素材，并选择合适的背景音乐，此案例的背景音乐为"白月光与朱砂痣"，如图33所示。

❷ 确定所用音乐的范围，截去前、后不需要的部分。选中背景音乐后，点击界面下方的"踩点"按钮，找到音乐节奏的转折点，并手动添加标记，如图34所示。通过此操作可确定"变身"瞬间的位置。

❸ 将图片素材的末端与刚刚标出的音乐节奏点对齐，如图35所示。

> **提示**
>
> 对于需要跟随音乐节拍产生画面变化的视频而言，往往需要首先确定背景音乐，并标出其节奏点。因为在后续的处理中，几乎所有视频片段的剪辑及特效、动画、文字等时长，都需要根据音乐的节拍进行确定。
>
> 大多数从剪映中直接使用的音乐，都可以使用"自动踩点"功能。
>
> 但如果是导入的本地音乐，或者提取的其他视频的音乐，则只能手动添加节拍点。需要注意的是，部分音乐的自动踩点并不准确，此时就需要手动添加。另外，对于本案例这种只需要添加少量节拍点的视频而言，手动添加也更为方便，因为可以省去删除其他无用节拍点的时间。

◈图 33

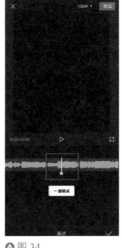
◈图 34

◈图 35

步骤二：实现漫画变身并选择合适的转场效果

接下来开始制作变身效果，并选择合适的转场效果使变身前后衔接更流畅，具体操作方法如下。

❶ 选中图片素材轨道，并点击"复制"按钮，如图36所示。然后将复制的图片素材末端与音乐末端对齐。此处复制得到的图片素材轨道，即为变身成漫画的部分。

❷ 选中复制得到的图片素材片段，点击界面下方的"漫画"按钮，如图37所示，并选择"潮漫"风格。

❸ 为前后两个图片素材片段添加"逆时针旋转"转场效果，并调节"转场时长"为0.5秒，如图38所示。

❹ 拉动第一段图片素材的末端，使转场效果开始的位置与节拍点对齐，实现精准"卡点"变身，如图39所示。

◈图 36

◈图 37

◈图 38

◈图 39

步骤三：添加特效营造氛围让变身效果更精彩

分别为变身前及变身后的素材添加特效，让画面更吸引观众，具体操作方法如下。

❶ 点击界面下方的"特效"按钮，为变身前的图片素材片段添加"基础"分类下的"粒子模糊"特效，如图40所示。并将该特效的开头拖到最左侧，将结尾与节拍点对齐。

❷ 为变身后的图片素材片段添加"Bling"分类中的"闪闪"特效，如图41所示。并将该特效的开头对齐到转场效果中心位置，结尾与视频结尾对齐。

△ 图 40

❸ 继续为变身后的图片素材片段添加"Bling"分类中的"星辰"特效，如图42所示。位置与"闪闪"特效对齐即可。

以上3个特效的关键位置如图43所示。

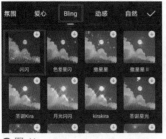

△ 图 41

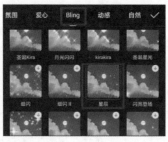

△ 图 42

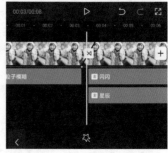

△ 图 43

提示

在同一段视频中叠加、组合多种特效，可以实现更独特的画面效果，而不要局限在"一段视频只能加一种特效"的思维定式中。另外，读者也不要拘泥于该案例中所选择的特效，建议多尝试不同的特效，从而营造出更精彩的效果。

步骤四：添加动态歌词字幕丰富画面

为了让画面内容更丰富，并且与歌词形成呼应，下面将制作动态歌词效果，具体操作方法如下。

❶ 依次点击界面下方的"文本"和"新建文本"按钮，输入歌词"白月光在照耀 你才想起她的好"，如图44所示。

❷ 调整文本开头，使其对齐节拍点，将文本结尾对齐视频结尾，调整字体为"拼音体"。然后点击文本编辑界面下方的"排列"按钮，适当增加"字间距"，如图45所示。

❸ 选中文字后点击"动画"按钮，为其添加名为"收拢"的"入场动画"，并将时长拉到最长，如图46所示。

⚠ 图 44   ⚠ 图 45   ⚠ 图 46

用特效突出视频节奏——花卉拍照音乐卡点视频

一些持续时间较短、比较有"爆发力"的特效，配合上音乐的节拍，可以让视频的节奏感更强。在"花卉拍照音乐卡点视频"这个案例中，就利用了一种特效来强化"卡点"效果。扫描本书封底二维码可以获取相关视频教学课件。

步骤一：添加图片素材并调整画面比例

将图片素材添加至视频轨道，并设置画面比例为"9:16"，以适合在抖音或者快手中进行竖屏观看，具体操作方法如下。

❶ 选择准备好的图片素材，并点击界面右下角的"添加"按钮，如图47所示。

❷ 点击界面下方的"比例"按钮，如图48所示，并设置为"9:16"。

❸ 依次点击界面下方的"背景"和"画布模糊"按钮，并选择一种模糊样式，如图49所示。此步可以让画面中的黑色区域消失，起到美化画面的目的。

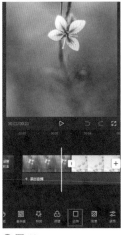

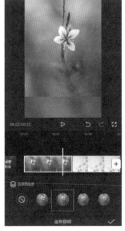

⚠ 图 47   ⚠ 图 48   ⚠ 图 49

步骤二：实现"音乐卡点"效果

所谓"音乐卡点"，其实就是让图片变换的时间点正好是音乐的节拍处。所以只需标出音乐节拍，并将上一张图片的结尾及下一张图片的开头对齐节奏点即可，具体操作方法如下。

❶ 点击界面下方的"音乐"按钮，添加具有一定节奏感的背景音乐，如图50所示。该案例中添加的背景音乐是"清新"分类下的"夏野与暗恋"。

❷ 选中音乐轨道，点击界面下方的"踩点"按钮，如图51。

❸ 开启"自动踩点"，即可选择"踩节拍Ⅰ"或者"踩节拍Ⅱ"，如图52。其中"踩节拍Ⅰ"的节拍点密度较低，适合节奏稍缓的卡点视频；若"踩节拍Ⅱ"的节拍点密度较高，适合快节奏卡点视频。针对本案例的预期效果，此处选择"踩节拍Ⅰ"。

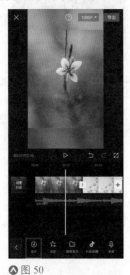  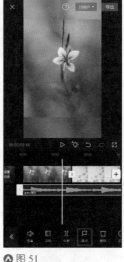 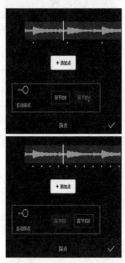

图 50　　　　　　　　　图 51　　　　　　　　　图 52

❹ 从第一张照片开始，选中其所在视频轨道后，拖动末尾"白框"靠近第一个节拍点。此时剪映会有吸附效果，从而准确地将片段末尾与节奏点对齐，如图53所示。

❺ 第二张图片的开头会自动紧接第一张图片的末尾，所以不需要手动调整其位置，如图54所示。

❻ 接下来只需将每一张图片的末尾与节奏点对齐即可，实现每两个节奏点之间一张图片的效果。至此，一个最基本的音乐卡点效果就制作完成了，如图55所示。

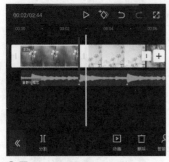  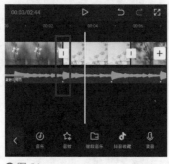 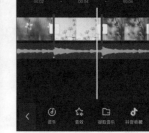

图 53　　　　　　　　　图 54　　　　　　　　　图 55

步骤三：添加音效和特效突出"节拍点"

如果只是简单地实现图片在节拍点处进行变换，视频并没有太多看点。因此，为了让在节拍处变换图片时的效果更突出，节奏感更强，需要利用音效和特效做进一步处理，具体操作方法如下。

❶ 依次点击界面下方的"音频"和"音效"按钮，为视频添加"机械"分类下的"拍照声3"，如图56所示。

❷ 仔细调整音效的位置，使其与图片转换的时间点完美契合。即拍照音效一响起，就变换成下一张照片。音效最终位置如图57所示。

❸ 选中添加后的音效，点击界面下方的"复制"按钮，并将其移动到下一个节奏点处，仔细调节位置，如图58所示。重复此步骤，在每一个节奏点处添加该音效，形成"拍照转场"效果。

⚠ 图 56

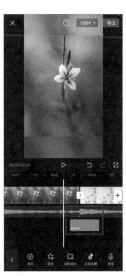
⚠ 图 57

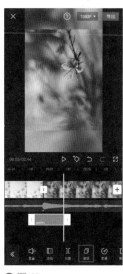
⚠ 图 58

❹ 点击界面下方的"特效"按钮，添加"氛围"分类下的"星火炸开"特效，如图59所示。该特效的"爆发力"比较强，并且有点像"闪光灯"，与"拍照音效"相配合，在使拍照转场效果更逼真的同时，营造更强的节奏感，使"卡点"效果更突出。

❺ 调节"星火炸开"特效的位置，使其与其中一段图片素材对齐，如图60所示。

❻ 复制该特效，调整位置，如图61所示。重复该操作，使得每一段图片素材都对应一段"星火炸开"特效。

提示

因为绝大多数音效的开头都有一段短暂的没有声音的区域，所以音效开头与节拍点对齐并不能实现声音与图片转换的完美契合。往往需要将音效往节拍点左侧移动一点，才能够匹配得更加完美。另外，音效也是可以进行分割的，所以可以根据需要，去掉音效中不需要的部分，使声音与画面更匹配。

▲ 图 59

▲ 图 60

▲ 图 61

步骤四：添加动画和贴纸润色视频

接下来通过添加贴纸，并为每一个视频片段设置动画，让视频更具动感，具体操作方法如下。

❶ 选中视频轨道中的第一个片段，点击界面下方的"动画"按钮，为其添加"放大"动画，并将时长拉到最右侧，如图62所示。该操作是为了让视频的开头不显得那么生硬，形成一定的过渡。

❷ 为之后的每一个片段添加能够让节奏更紧凑的动画，如"轻微抖动""轻微抖动Ⅱ"等，并且控制动画时长不要超过0.5秒，从而让视频更具动感，如图63所示。

❸ 点击界面下方的"贴纸"按钮，搜索"相机"并添加一种相机贴纸。点击"文字"按钮，输入一段文字以丰富画面。本案例中输入的为"定格美好时光"，字体为"荔枝体"，并选择白色描边样式，如图64所示。

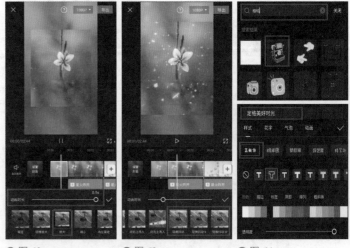
▲ 图 62　　▲ 图 63　　▲ 图 64

④ 选中文字，点击界面下方的"动画"按钮，为文字添加"循环动画"中的"逐字放大"样式，并调整速度为2.3秒（文字放大的速度感觉适度即可，不用拘泥于该数值），如图65所示。

⑤ 点击界面下方的"贴纸"按钮，继续添加两种贴纸。分别搜索"Yeah"和"Hello"，选择如图66所示的贴纸即可。

⑥ 贴纸的最终位置如图67所示，并将贴纸和文字轨道与视频轨道对齐，使其始终出现在画面中。

提示

由于第一张图片的显示时间比较长，所以笔者将其手动分割为两部分，并且也按照"步骤三"的方法为其添加了音效和特效，从而让视频开头部分也有较快的节奏。而"步骤四"中的第1步，其实就是为分割出来的开头片段添加动画效果。考虑到后期整体的逻辑完整性，所以并没有特意进行说明。

⚠ 图65　　⚠ 图66　　⚠ 图67

步骤五：对音频轨道进行最后处理

对音频轨道进行最后的处理，其实就是整个视频后期的收尾工作，具体操作方法如下。

❶ 选中音频轨道，拖动其最右侧的白框，使其对齐视频轨道的最末端，从而防止出现画面黑屏、只有音乐的情况，如图68所示。

❷ 点击界面下方的"淡化"按钮，设置淡入及淡出时长，让视频开头与结尾具有自然的过渡，如图69所示。

⚠ 图68

⚠ 图69

用特效让视频风格更突出——玩转贴纸打造精彩视频

虽说本案例的效果主要是利用贴纸实现的，但特效也在其中起到了重要作用。尤其是根据贴纸的特点选择特效，使视频的风格更加突出、统一。扫描本书封底二维码可以获取相关视频教学课件。

步骤一：确定背景音乐并标注节拍点

既然视频的内容是随着歌词的变化而变化的，所以首先要确定使用的背景音乐，具体操作方法如下。

❶ 导入一张图片素材，依次点击界面下方的"音频"和"音乐"按钮，并搜索"星球坠落"，点击"使用"按钮，添加至音频轨道，如图70所示。

❷ 试听背景音乐，确定需要使用的部分，将不需要的部分进行分割并删除。然后选中音频轨道，点击界面下方的"自动踩点"按钮，在每句歌词的第一个字出现时，手动添加节拍点，如图71所示。该节拍点即为后续添加贴纸和特效时，确定其出现时间点的依据。

❸ 选中图片素材，按住右侧白框向右拖动，使其时长略长于音频轨道，如图72所示。这样处理是为了保证视频播放到最后时不会出现黑屏的情况。

⌃ 图 70

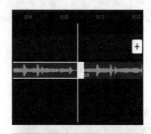

⌃ 图 71

⌃ 图 72

提示

手动添加节拍点时，如果有个别节拍点添加得不准确，可以将时间轴移动到该节拍点处。此时节拍点会变大，并且原本的"添加点"按钮会自动变为"删除点"按钮，点击该按钮，即可删除该节拍点并重新添加，如图73所示。

⌃ 图 73

步骤二：添加与歌词相匹配的贴纸

为了实现歌词中唱到什么景物，就在画面中出现什么景物的贴纸这一效果，需要找到相应的贴纸，并且其出现与结束的时间点要与已经标注好的节拍点相匹配，然后添加动画进行润饰，具体操作方法如下。

❶ 点击界面下方的"比例"按钮，调节为"9:16"。然后点击"背景"按钮并设置"画布模糊"效果，如图74所示。

❷ 点击界面下方的"贴纸"按钮，根据歌词"摘下星星给你"，搜索"星星"贴纸，并选择红框内星星贴纸（也可根据个人喜好进行添加），如图75所示。

❸ 调整星星贴纸大小和位置，并选中星星贴纸轨道，将其开头与视频开头对齐，将其结尾与标注的第一个节拍点对齐，如图76所示。

⚠ 图 74

⚠ 图 75

⚠ 图 76

❹ 选中星星贴纸，点击界面下方的"动画"按钮。在"入场动画"中，为其选择"轻微放大"动画；在出场动画中，为其选择"向下滑动"动画；然后适当增加入场动画和出场动画时间，使贴纸在大部分时候都是动态的，如图77所示。

❺ 接下来根据下一句歌词"摘下月亮给你"添加"月亮"贴纸。选择☐图标分类下，红框内的月亮（也可根据个人喜好进行添加），并调节其大小和位置，如图78所示。

❻ 选中月亮贴纸轨道，使其紧挨星星贴纸轨道，并将结尾与第二个节拍点对齐，如图79所示。

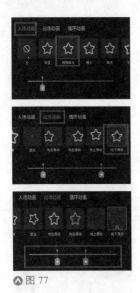

⬆图77　　　　⬆图78　　　　⬆图79

⑦ 选中月亮贴纸轨道，点击界面下方的"动画"按钮，将"入场动画"设置为"向左滑动"，其余设置与"星星"贴纸动画相同，如图80所示。

⬆图80

⑧ 按照添加星星贴纸与月亮贴纸相同的方法，继续添加太阳贴纸，并确定其在贴纸轨道中所处的位置。由于操作方法与星星贴纸和月亮贴纸的操作几乎完全相同，所以此处不再赘述。添加太阳贴纸之后的界面如图81所示。

⑨ 由于歌词的最后一句是"你想要我都给你"，因此将之前的星星贴纸、月亮贴纸和太阳贴纸各复制一份，以并列3条轨道的方式，与最后一句歌词的节拍点对齐，并分别为其添加入场动画，确定贴纸显示位置和大小即可，如图82所示。

⬆图81　　　　⬆图82

步骤三：根据画面风格添加合适的特效

为了让画面中的"星星""月亮""太阳"更突出，选择合适的特效进行润色，具体操作方法如下。

❶ 点击界面下方的"特效"按钮，继续点击"新增特效"按钮，添加"Bling"分类中的"撒星星"特效，如图83所示。随后将该特效的开头与视频开头对齐，将结尾与第一个节拍点对齐，从而突出画面中的星星。

❷ 点击"新增特效"按钮，添加"Bling"分类中的"细闪"特效，如图84所示。添加该特效以突出月亮的白色光芒，将该特效开头与"撒星星"特效结尾相连，将该特效结尾与第二个节拍点对齐。

❸ 点击"新增特效"按钮，添加"光影"中的"彩虹光晕"特效，如图85所示，该特效可以表现灿烂的阳光。将开头与"闪闪"特效结尾相连，将结尾与第三个节拍点对齐。

❹ 点击"新增特效"按钮，添加"爱心"中的"怦然心动"特效，如图86所示，该特效可以表达出对素材照片人物的爱。将开头与上一个特效结尾相连，将末尾与视频结尾对齐。

◈ 图 83

◈ 图 84

◈ 图 85

◈ 图 86

❺ 由于画面的内容是根据歌词进行设计的，所以笔者在这里还为其添加了动态歌词。字体选择"玩童体"，如图87所示，将"入场动画"设置为"收拢"，将动画时长拉到最右侧，如图88所示。文字轨道的位置与对应歌词出现的节点一致即可，如图89所示。

◈ 图 87

◈ 图 88

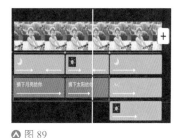

◈ 图 89

第6章
为视频画面进行润色以增加美感

利用"调节"功能调整画面

"调节"功能的作用

调节功能的作用主要有两点，分别为调整画面的亮度和调整画面的色彩。在调整画面亮度时，除了可以调节明暗，还可以单独对画面中的亮部（如图1所示）和暗部（如图2所示）进行调整，从而使视频的影调更细腻、更有质感。

由于不同的色彩具有不同的情感，所以通过"调节"功能改变色彩能够表达出视频制作者的主观思想。

▲图1　　　　　　　▲图2

利用"调节"功能制作小清新风格视频

❶ 将视频导入剪映后，向右滑动界面下方的选项栏，在最右侧可找到"调节"按钮，如图3所示。

❷ 首先利用"调节"选项中的工具调整画面亮度，使其更接近小清新风格。点击"亮度"按钮，适当提高该参数，让画面显得更"阳光"，如图4所示。

❸ 接下来点击"高光"按钮，并适当提高该参数。因为在提高亮度后，画面中较亮的白色花朵表面细节有所减少，通过提高"高光"参数，恢复白色花朵的部分细节，如图5所示。

▲图3　　　　　　　▲图4　　　　　　　▲图5

④ 为了让画面显得更"清新"，需要让阴影区域不显得那么暗。点击"阴影"按钮，提高该参数，可以看到画面变得更加柔和了。至此，小清新风格照片的影调就确定了，如图6所示。

⑤ 接下来对画面色彩进行调整。由于小清新风格的画面色彩饱和度往往偏低，所以点击"饱和度"按钮，适当降低该数值，如图7所示。

⑥ 点击"色温"按钮，适当降低该参数，让色调偏蓝一点。因为冷调的画面可以传达出一种清新的视觉感受，如图8所示。

⚠ 图6

⚠ 图7

⚠ 图8

⑦ 然后点击"色调"按钮，并向右滑动滑块，为画面增添些绿色。

因为绿色代表着自然，与小清新风格照片的视觉感受相一致，如图9所示。

⑧ 再通过提高"褪色"参数，营造"空气感"。至此画面就具有了强烈的小清新风格既视感，如图10所示。

⚠ 图9

⚠ 图10

❾ 注意，此时小清新风格的视频还没有制作完毕。上文已经不止一次提到，只有"效果"轨道所覆盖的范围，才能够在视频上有所表现。而图11中黄色的轨道就是之前利用"调节"功能所实现的小清新风格画面。

当时间线位于黄色轨道内时，画面是具有小清新色调的，如图11所示；而当时间线位于黄色轨道没有覆盖到的视频时，就恢复为原始色调了，如图12所示。

❿ 因此，最后一定记得控制"效果"轨道，使其覆盖住希望添加效果的时间段。针对本案例，为了让整个视频都具有小清新色调，所以将黄色轨道覆盖整个视频，如图13所示。

  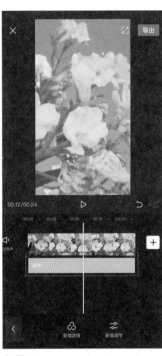

❹ 图 11   ❹ 图 12   ❹ 图 13

利用"滤镜"功能让色调更唯美

与"调节"功能需要仔细调节多个参数才能获得预期效果不同，利用"滤镜"功能可以一键调出唯美的色调。下面介绍具体的操作方法。

❶ 选中需要添加"滤镜"效果的视频片段，点击界面下方"滤镜"按钮，如图14所示。

❷ 可以从多个分类下选择喜欢的滤镜效果。此处选择的为"胶片"分类下的"KC2"效果，让裙子的色彩更艳丽。通过红框内的滑动条，可以调节"滤镜强度"，默认为"100"（最高强度），如图15所示。

此时，就对所选轨道添加了滤镜效果。

> **提示**
>
> 选中一个视频片段，再点击"滤镜"按钮为其添加第一个滤镜时，该效果会自动应用到整个所选片段，并且不会出现滤镜轨道。
>
> 但如果在没有选中任何视频片段的情况下，点击界面下方的"滤镜"按钮并添加滤镜，则会出现滤镜轨道。需要控制滤镜轨道的长度和位置来确定施加滤镜效果的区域，图16所示的红框内，即为"清晰"滤镜效果的轨道。

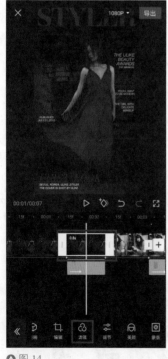
⋀ 图14

⋀ 图15

⋀ 图16

利用"动画"功能让视频更酷炫

很多朋友在使用剪映时容易将"特效"或者"转场"效果与"动画"混淆。虽然这三者都可以让画面看起来更具动感,但动画功能既不能像特效那样改变画面内容,也不能像转场那样衔接两个片段,它所实现的是所选视频片段出现及消失时的"动态"效果。

也正因如此,在一些以非技巧性转场衔接的片段中,加入一定的"动画",往往可以让视频看起来更生动。

❶ 选中需要添加"动画"效果的视频片段,点击界面下方"动画"按钮,如图17所示。

❷ 接下来根据需要,可以为该视频片段添加"入场动画""出场动画"及"组合动画"。因为此处希望配合相机快门声实现"拍照"效果,所以为其添加"入场动画",如图18所示。

❸ 选择界面下方的各选项,即可为所选片段添加动画,并进行预览。因为相机拍照声很清脆,所以此处选择同样比较"干净利落"的"轻微抖动Ⅱ"效果。通过"动画时长"滑动条还可调整动画的作用时间,这里将其设置为0.3秒,同样是为了让画面"干净利落",如图19所示。

> **提示**
>
> 动画时长的可设置范围是根据所选片段的时长而变动的,并且在设置了动画时长后,具有动画效果的时间范围会在轨道上有浅浅的绿色覆盖,从而可以直观地看出动画时长与整个视频片段时长的比例关系。
>
> 通常来说,每一个视频片段的结尾附近(落幅)最好比较稳定,可以让观众清楚地看到该镜头所表现的内容,因此不建议让整个视频片段都具有动画效果。
>
> 但对于一些故意让其一闪而过,故意让观众看不清的画面,则可以通过缩短片段时长,并添加动画来实现。

⌃ 图17

⌃ 图18

⌃ 图19

通过润色画面实现唯美渐变色效果

本案例将介绍两种制作渐变色效果的方法。在这两种方法中，"调节""滤镜"和"动画"功能都起到了重要作用。但除了这3个功能，还需用到"关键帧"和"蒙版"。扫描本书封底二维码可以获取相关视频教学课件。

步骤一：制作前半段渐变色效果

本渐变色案例分为两个部分，其中前半段，也就是第一部分的渐变色效果是整体缓慢变色，而后半段，也就是第二部分的渐变色效果是局部推进式渐变色。首先来制作前半段的整体渐变色效果，具体方法如下：

❶ 导入素材，只保留6秒左右的时长即可。然后点击界面下方的"比例"按钮，设置为"9∶16"，再点击"背景"按钮，设置为"画布模糊"即可，得到图20所示的效果。

❷ 选中视频轨道，点击界面下方的"滤镜"按钮，选择"风景"分类下的"远途"滤镜效果，如图21所示。

❸ 点击界面下方的"调节"按钮，并适当增加画面色温，可以让画面更偏暖调，从而营造秋天的视觉感受，如图22所示。

🔼 图 20

🔼 图 21

🔼 图 22

❹ 选中视频轨道，将时间轴移动到视频开头，点击◇图标添加关键帧，如图23所示。

❺ 继续移动时间轴至视频末尾，再次点击◇图标，再添加一个关键帧，如图24所示。

❻ 将时间轴移动回视频开头的关键帧，如图25所示，点击界面下方的"滤镜"按钮，将滤镜强度调整为"0"，如图26所示。至此，前半段的整体渐变色效果就完成了。

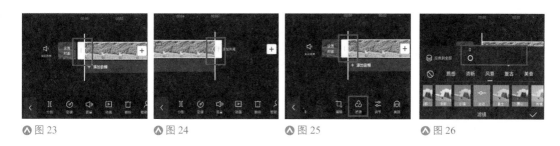

◆图23　　　　◆图24　　　　◆图25　　　　◆图26

步骤二：制作后半段渐变色效果

后半段渐变色效果需要用到"蒙版"工具，难度相对较高，但却可以实现局部渲染式变色效果，具体操作方法如下。

❶ 先退出制作前半段渐变色效果的剪映编辑界面，然后导入后半段素材，调节"比例"为"9:16"，"背景"为模糊效果。点击界面下方的"滤镜"按钮，依旧选择"风景"分类下的"远途"效果，实现秋天效果，如图27所示。

❷ 点击界面下方的"调节"按钮，提高"色温"数值，使其暖调色彩更加明亮、浓郁，如图28所示，然后将该段视频导出。

❸ 打开之前制作的前半段渐变色效果视频的草稿，点击视频轨道右侧的+图标，将没有变色的、原始的后半段素材添加到剪映中，如图29所示。

◆图27　　　　　　◆图28　　　　　　◆图29

❹ 点击图29所示的界面下方的"画中画"按钮，继续点击"新增画中画"按钮，将之前导出的后半段变色后的视频添加至剪辑界面中，如图30所示。

❺ 将画中画轨道中的变色后的视频片段与变色前的视频片段首尾对齐，并让变色后的画面刚好填充整个画面，如图31所示。

⑥ 点击界面下方的"音频"按钮，添加背景音乐，并截取需要的部分，然后将视频末尾及画中画末尾与音乐结尾对齐，如图32所示。这样做的目的是确定视频长度，为接下来添加关键帧打下基础。

⑦ 选中画中画视频，点击界面下方的"蒙版"按钮，选择线性蒙版，将其旋转90°，并向右拖动图标，增加羽化效果，如图33所示。

⚠ 图 30

⚠ 图 31

⚠ 图 32

⚠ 图 33

⑧ 随后将线性蒙版拖动到最左侧，如图34所示。

⑨ 将时间轴移动到画中画轨道素材的最左侧，点击图标添加关键帧，如图35所示。

⑩ 再将时间轴移动到视频的末尾，点击图标添加关键帧，如图36所示。

⑪ 不要移动时间轴，点击界面下方的"蒙版"按钮，将线性蒙版从最左侧拖动到最右侧，如图37所示。至此，局部渲染式的渐变色效果就制作完成了。

⚠ 图 34

⚠ 图 35

⚠ 图 37

⚠ 图 36

步骤三：添加转场、特效和动画让视频更精彩

单纯展示渐变色效果的视频会显得比较生硬，因此仍需添加转场、特效、动画等对视频进行润色，具体操作方法如下。

❶ 为前后两段渐变色画面添加转场效果，此处选择"运镜转场"分类下的"向左"效果，如图38所示。

❷ 选中前半段视频，点击界面下方的"动画"按钮，为其添加"入场动画"中的"轻微放大"动画，并将"动画时长"拉到最右侧，从而让视频的开场更自然，如图39所示。

❸ 点击界面下方的"特效"按钮，为后半段视频末尾添加"自然"分类下的"落叶"效果，从而强化秋天的视觉感受，并增加画面动感，如图40所示。

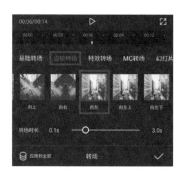

▲ 图 38

▲ 图 39

▲ 图 40

❹ 选中所加特效，点击界面下方的"作用对象"按钮，并将其设置为"全局"，从而让"落叶"特效出现在整个画面中，如图41所示。

❺ 点击界面下方的"新增特效"按钮，为视频结尾添加"基础"分类下的"闭幕"特效，如图42所示。并按照上一步的方法，使其作用到"全局"，从而让视频不会结束得太过突兀。

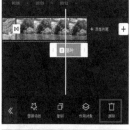

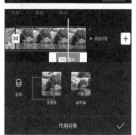

▲ 图 41

▲ 图 42

提示

本变色案例的后期方法还可以实现多种效果，如最近很火的老照片上色，以及10年前后人物对比等。其实这些效果的核心都是利用"画中画"+"线性蒙版"+"关键帧"让一个画面逐渐变化为另一个画面。因此，在学习本节内容之后，读者一定要举一反三，这样才能灵活地利用剪映的各种功能，实现想象中的效果。

第7章
轻松掌握剪映专业版（PC版）

手机版剪映与专业版（PC版）剪映的异同

手机版剪映虽然易上手，并且功能强大，但毕竟在进行后期剪辑时，太小的屏幕会让一些操作变得不是很方便，而且经常会出现误操作的情况。再加上手机的性能毕竟有限，在对一些较长的视频进行剪辑时，难免出现卡顿等后期体验不佳的情况。

所以，抖音官方根据手机版剪映适时推出了剪映专业版，其实就是PC版剪映。由于PC版剪映是根据手机版剪映演化而来，所以只要学会了手机版剪映的使用方法，很容易上手PC版剪映。

手机版剪映的功能更多

目前，剪映专业版（剪映专业版即为剪映PC版，下文将统一称之为"专业版"）仍在不断完善中，所以它的功能比手机版剪映要少很多。比如手机版剪映中的"关键帧""色度抠图""智能抠像"等功能在专业版剪映中均还没有实现。

也正因为手机版剪映的功能更多，所以用手机版剪映可以制作的效果，用专业版剪映未必做得出来。但专业版剪映可以制作出的效果，用手机版剪映则一定可以实现。

手机版剪映的菜单更复杂

由于手机的屏幕与计算机显示器相比要小很多，所以在UI设计上，手机版剪映的很多功能都会"藏得比较深"，导致菜单、选项等相对复杂。而专业版剪映是在显示器上显示的，所以空间大很多。手机版剪映部分需要在不同界面中操作的功能，在专业版剪映中的一个界面下就能完成。比如为视频片段添加"动画""文字""特效"等操作，在专业版剪映中进行操作会更加便捷。

手机版剪映更容易出现卡顿

由于手机的性能依然无法与计算机相比，所以在处理一些时间较长、尺寸较大的视频时，往往会出现卡顿的情况。而最致命莫过于在预览效果时出现的卡顿，这会导致剪辑人员根本无法判断效果是否符合预期，也就无法继续剪辑下去。

但性能良好的计算机则可以解决该问题。即便是较长、质量较高的视频，依然可以使预览及操作很流畅，大大提升了软件的使用体验。

综上所述，如果所处环境既可以使用手机版剪映，又可以使用专业版剪映进行视频后期，而且所做效果用专业版剪映也能实现，那么无疑使用专业版剪映可以获得更高的处理效率和更顺畅的剪辑体验。

认识剪映专业版的界面

由于剪映专业版是将剪映手机版移植到计算机上的，所以整体操作的底层逻辑与手机版剪映几乎完全相同。所以在掌握了手机版剪映的情况下，只需了解专业版剪映的界面，知道各个功能、选项所处的位置，也就基本掌握了其使用方法，专业版剪映的界面如图1所示。

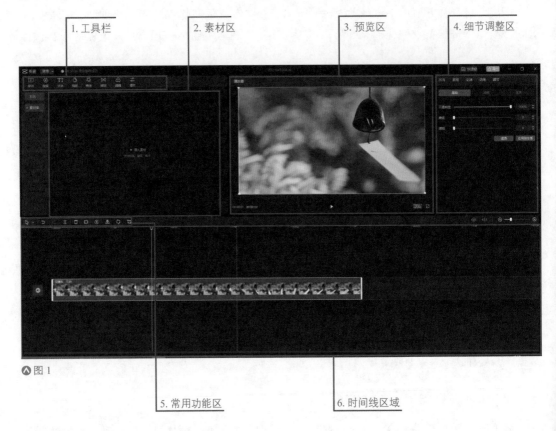

△ 图1

❶ 工具栏：该区域中包含视频、音频、文本、贴纸、特效、转场、滤镜、调节共8个选项。其中只有"视频"选项没有在手机版剪映中出现。点击"视频"选项后，可以选择从"本地"或者"素材库"中导入素材至"素材区"。

❷ 素材区：无论是从本地导入的素材，还是选择了工具栏中"贴纸""特效""转场"等工具，其可用素材和效果均会在"素材区"中显示。

❸ 预览区：在后期过程中，可随时在"预览区"查看效果。点击预览区右下角的██图标可进行全屏预览；点击右下角的████图标，可以调整画面比例。

❹ 细节调整区：当选中时间线区域中的某一轨道后，在"细节调整区"即会出现可针对该轨道进行的细节设置。选中"视频轨道""文字轨道""贴纸轨道"时，"细节调整区"分别如图2~图4所示。

⚠ 图 2   ⚠ 图 3   ⚠ 图 4

❺ 常用功能区：在其中可以快速对视频轨道进行"分割""删除""定格""倒放""镜像""旋转""裁减"等操作。

另外，如果有误操作，点击该功能区中的🔙图标，即可撤回上一步操作；点击🔜图标，即可将鼠标的作用设置为"选择"或者"切割"。当选择为"切割"时，在视频轨道上按下鼠标左键，即可在当前位置"分割"视频。

❻ 时间线区域：该区域中包含3个元素，分别为"轨道""时间轴"和"时间刻度"。

由于剪映专业版界面较大，所以不同的轨道可以同时显示在时间线中，如图5所示。相比手机版剪映，专业版剪映可以提高后期处理效率。

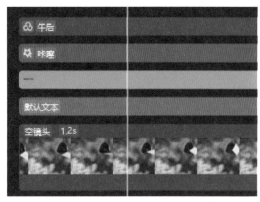

⚠ 图 5

提示

在使用手机版剪映时，由于图片和视频会统一在"相册"中找到，所以"相册"就相当于剪映的"素材区"。但对于专业版剪映而言，计算机中并没有一个固定的存储所有图片和视频的文件夹。所以，专业版剪映才会出现单独的"素材区"。

因此，使用专业版剪映进行后期处理的第一步，就是将准备好的一系列素材全部添加到剪映的素材区中。在后期过程中，需要哪个素材，直接将其从素材区拖动到时间线区域即可。

另外，如果需要将视频轨道"拉长"，从而精确选择动态画面中的某个瞬间，则可以通过时间线区域右侧的 ⊖—■—⊕ 滑动条进行调节。

剪映专业版重要功能的操作方法

剪映专业版，在操作更顺畅的同时，其方法与手机版剪映具有一定的区别。本节将介绍剪映专业版与手机版部分功能使用方法的不同之处，从而更好地上手剪映专业版。

消失不见的"画中画"功能

在剪映手机版中，如果想在时间线中添加多个视频轨道，需要利用"画中画"功能导入素材。但在剪映专业版中，却找不到"画中画"这个选项。

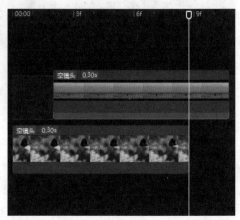

这是由于剪映专业版的处理界面更大，所以各轨道均可以完整显示在时间线中，因此，无须使用所谓的"画中画"功能，直接将一段视频素材拖动到主视频轨道的上方，即可实现多轨道及手机版剪映"画中画"功能的效果，如图6所示。

而主轨道上方的任意视频轨道均可随时再拖动回主轨道，所以在剪映专业版中，也不存在"切画中画轨道"和"切主轨道"这两个选项。

◆图6

通过"层级"确定视频轨道的覆盖关系

将视频素材移动到主轨道上方时，该视频素材的画面就会覆盖主轨道的画面。这是因为在剪映中，主轨道的"层级"默认为"0"，而主轨道上方第一层的视频轨道默认"1"。层级大的视频轨道会覆盖层级小的视频轨道。并且主轨道的层级不能更改，但其他轨道的层级可以更改。

比如在层级为1的视频轨道上方再添加一视频轨道时，该轨道的层级默认为"2"，如图7所示。

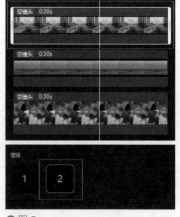

◆图7

选中该轨道，将其层级修改为"1"，此时其下方的轨道就会自动变为"2"。此时将呈现出位于中间的视频轨道画面覆盖另外两条轨道画面的情况。

因此，当覆盖关系与轨道的顺序不符时，就可以通过设置轨道的"层级"，使其符合上方轨道覆盖下方轨道的逻辑关系，这样可以让剪辑更加直观。

找到剪映专业版的"蒙版"功能

在时间线中添加多条视频轨道后，由于画面之间出现了"覆盖"，就可以使用"蒙版"功能来控制画面局部区域的显示。具体操作方法如下。

❶ 选中一条视频轨道，选择界面右上角的"画面"选项，即可找到"蒙版"功能，如图8所示。

❷ 选择希望使用的蒙版，此处以"线性蒙版"为例，点击之后，在预览界面中即会出现添加蒙版后的效果，如图9所示。

❸ 点击图9中的◎图标，可以调整蒙版的角度。

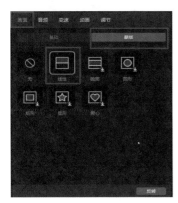

⚠ 图8

⚠ 图9

❹ 点击◀图标，可以调整两个画面分界线处的"羽化"效果，形成一定的"过渡"效果，如图10所示。

❺ 将鼠标移动到"分界线"附近，按住鼠标左键并拖动，可以调节蒙版位置，如图11所示。

⚠ 图10

⚠ 图11

使用剪映专业版添加"转场"效果

剪映专业版与剪映手机版相比，一个很大的不同在于，手机版中视频素材间的 丨 图标在剪映专业版中消失了。那么在剪映专业版中，该如何添加转场效果呢？具体的操作方法如下。

❶ 首先，移动时间轴至需要添加转场的位置附近，如图12所示。

❷ 点击界面上方"转场"按钮，并从打开的下拉列表框中选择转场类别，再从素材区中选择合适的转场效果，如图13所示。

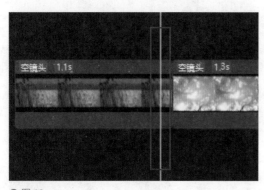

⋀ 图12　　　　　　　　　　　　⋀ 图13

❸ 点击转场效果右下角的"⊕"图标，即可在距离时间轴最近的片段衔接处添加转场效果，如图14所示。

❹ 选中片段间的转场效果，拖动图14中左右两边的"白框"，即可调节转场时长。或者也可以选中转场效果后，在"细节调整区"设定转场时长，如图15所示。

❺ 需要注意的是，当选中视频片段时，转场在轨道上会暂时消失，但这只是为了便于读者调节片段位置和时长，所添加的转场效果依然存在，如图16所示。

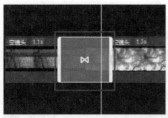  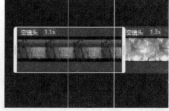

⋀ 图14　　　　　　　⋀ 图15　　　　　　　⋀ 图16

提示

由于转场效果会让两个视频片段在衔接处的画面中出现一定的"过渡"效果，因此在制作音乐卡点视频时，为了让卡点的效果更明显，往往需要将转场效果的起始端对准音乐节拍点。

使用剪映专业版制作音乐卡点视频

下面通过一个音乐卡点视频的实操案例，来体会剪映专业版与手机版在操作上的不同，同时熟悉各个功能、选项的具体位置。

步骤一：导入素材与音乐

首先将制作音乐卡点视频所需的素材导入编辑界面，并标注音乐的节拍点，具体的操作方法如下。

❶ 依次点击"视频""本地""导入素材"按钮，将图片素材导入剪映中，如图17所示。

❷ 通过拖曳或者点击素材右下角的加号，将素材添加至视频轨道，如图18所示。

❸ 点击界面左上角的"音频"按钮，继续点击"音乐素材"按钮，选择"卡点"分类中的"飒"这首音乐。将鼠标悬停在该音乐图标上，点击右下角的⊕图标，即可将其添加到音频轨道，如图19所示。

❹ 选中音频轨道，将时间轴移至有人声出现之前的位置，点击▌（分割）图标，将音频分成两段，并将前半段删除（▣图标为"删除"图标），如图20所示。然后将音频移动到视频最前端。

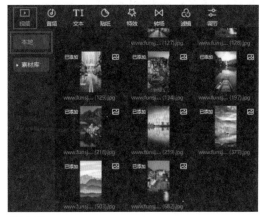

▲图 17

▲图 18

▲图 19

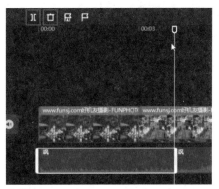

▲图 20

❺ 将时间轴移至视频轨道开头处，点击界面左上角的"视频"按钮，点击"素材库"按钮，添加一个"片头"，如图21所示。

❻ 选中音频轨道，点击🎬图标，并选择"踩节拍Ⅱ"选项。此时在音频轨道上会自动出现黄色节拍点，如图22所示。

◬ 图 21

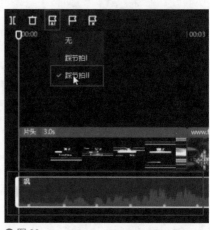

◬ 图 22

由于"踩节拍Ⅰ"自动标出的节拍点比较稀疏，不适合制作节奏较快的音乐卡点视频，所以这里选择"踩节拍Ⅱ"。

❼ 选中片头素材，拖动右侧白框，使其对齐第4个节拍点，如图23所示。

❽ 选中第一张图片素材，使其结尾对齐第5个节拍点。也就是形成两个节拍点间一张照片的效果，如图24所示。

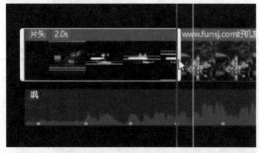

◬ 图 23

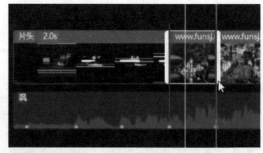

◬ 图 24

❾ 然后按照第一张图片的处理方法，将之后的所有照片均与对应的节拍点对齐，如图25所示。

◬ 图 25

步骤二：添加转场效果让视频更具视觉冲击力

为每两个画面之间添加转场效果，可以让图片的转换不再单调，并且营造出一定的视觉冲击力，具体的操作方法如下。

❶ 将时间轴移动到希望添加转场的位置（大概位置即可），如图26所示。

❷ 点击界面上方的"转场"按钮，选择"运镜转场"效果。将鼠标悬停在某个转场效果上，点击右下角的⊕图标即可添加转场，如图27所示。

❸ 按照此方法，为每两张图片之间均添加转场效果，建议从"运镜转场"中进行选择，并且尽量不要重复。添加完转场后的视频轨道如图28所示。

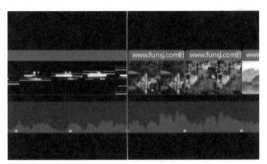

⚠图 26

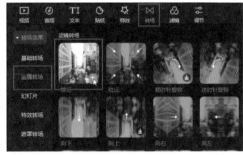

⚠图 27

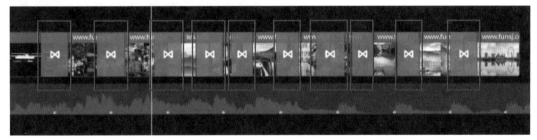

⚠图 28

❹ 依次点击图28中的每一个转场，将右上角的"转场"时长设置为0.2秒，如图29所示。

❺ 加入转场后，节拍点往往会位于转场的"中间"，这会使视频的节拍点"踩得不够准"。所以需要调节每一段视频素材的长度，使转场效果的"边缘"刚好与节拍点对齐，如图30所示。

⚠图 29

⚠图 30

步骤三：调整片段时长营造节奏变化

如果只是在每个节拍点换一张照片出现在画面中，视频多少会显得比较单调。所以最好根据音乐旋律的变化，让照片转换的节奏也出现相应的调整，从而让视频看起来更灵动。对于这首背景音乐而言，在两段相似的旋律之间有一个过渡，下面就通过这个"过渡"来为踩点音乐视频寻求变化，具体的操作方法如下。

❶ 找到相似旋律间"过渡"的区域，并将与该区域对应的图片拉长至过渡结束的节拍点，如图31所示。

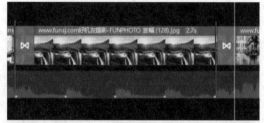

△ 图 31

❷ 此时视频结束的位置依然会出现一段不同的旋律，非常适合作为该踩点视频的结尾。所以将最后一张图片的末尾拉长至这段"不同"旋律的最后一个节拍点，如图32所示。

❸ 为了便于读者在按照教学制作这段音乐卡点视频时能够快速找到这两段"独特旋律"的位置，可参照如图33所示的完整视频轨道进行制作。

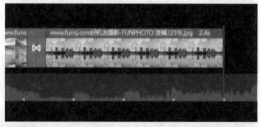

△ 图 32

△ 图 33

步骤四：使用特效让视频更酷炫

接下来通过"特效"为该音乐卡点视频进行最后的润色，使其视觉效果更加酷炫，具体的操作方法如下。

❶ 点击界面左上角的"特效"按钮，选择"光影"分类下的"胶片漏光"效果，如图34所示。

❷ 再选择"动感"分类下的"心跳"特效，如图35所示。

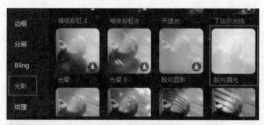

△ 图 34

△ 图 35

❸ 将这两个特效覆盖如图36所示的视频片段。

❹ 继续点击"特效"按钮，选择"基础"分类下的"横向闭幕"效果；再选择"动感"分类下的"闪屏"效果，并将其添加至视频结尾部分，如图37所示。

▲ 图36

▲ 图37

❺ 如果希望效果更丰富一些，可以为其他图片也各自添加特效。在本案例中，笔者还对第1、2、4张图片分别添加了"动感"分类下的"RGB描边""基础"分类下的"震动"及"动感"分类下的"负片闪烁"特效。添加特效后的视频轨道如图38所示，3个特效在剪映中的位置分别如图39~图41所示。

需要强调的是，读者可以选择自己喜欢的特效进行添加，不必与案例中的特效完全一样。除了特效之外，也可以为片段添加"动画"效果，进一步提高视频的表现力。虽然本案例并没有为片段添加"动画"效果，但读者可以自己尝试一下，争取做出与本案例不太相同，但依然酷炫的图片音乐卡点视频。

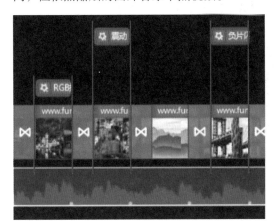

▲ 图38

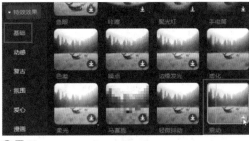

▲ 图39

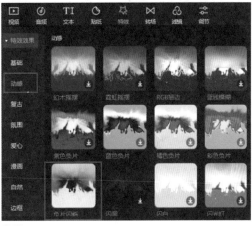

▲ 图41

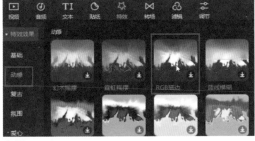

▲ 图40

第 8 章
爆款短视频剪辑思路

无论是剪映手机版还是专业版，甚至是更专业的剪辑软件，如Adobe Premiere，它们都只是剪辑的工具而已。学会使用这些软件，并不代表学会了剪辑。对于剪辑而言，在处理视频时的思路更为重要。本章将介绍几种剪辑短视频时的后期思路。

短视频剪辑的常规思路

提高视频的信息密度

一条短视频的时长通常只有十几秒，甚至几秒。为了能够在很短的时间内迅速抓住观众的眼球，并且讲清楚一件事，需要视频的信息密度很大。

所谓信息密度，可以简单理解为画面内容变化的速度。如果画面的变化速度相对较快，在某种程度上而言，观众就可以不断获得新的信息，从而在短时间内迅速了解一个完整的"故事"。

并且，由于信息密度大的视频不会留给观众太多思考的时间，所以这有利于保持观众对视频的兴趣，对于提高视频"完播率"也非常有帮助。

营造视频段落间的"差异性"

一段完整的视频通常由几个视频片段组成。当这些视频片段的顺序不太重要时，就可以根据其差异性来确定将哪两个片段衔接在一起。通常而言，景别、色彩、画面风格等方面相差较大的视频片段适合衔接在一起。因为这种跨度较大的画面会让观众无法预判下一个场景将会是什么，从而激发其好奇心，并吸引其看完整个视频。

值得一提的是，通过"曲线变速"功能营造运镜速度的变化其实也是为了营造"差异性"。通过"慢"与"快"的差异，让视频效果更加多样化。

利用"压字"让视频具有综艺效果

在剪辑有语言的视频时，可以让画面中出现部分需要重点强调的词汇，并利用剪映中丰富的字体和"花字"样式及文字动画效果，让视频更具综艺感。

在剪辑过程中，要注意语言与文字的出现要几乎完全同步，这样才能体现出"压字"的效果，视频的节奏感也会更为强烈。

背景音乐不要太"前景"

很多剪辑新手找到一首非常好听的背景音乐后，经常会将其声音调得比较大，生怕观众听不到这么优美的旋律。但对于视频而言，画面才是最重要的。背景音乐再好听，也只是陪衬。如果因为背景音乐声音太大而影响了画面的表现，就会得不偿失，尤其是用来营造氛围的背景音乐，其音量只需保持刚好能听到即可。

甩头"换装"与"换妆"的后期思路

甩头"换装"与"换妆"类视频的核心思路在于营造"换装（妆）"前后的强烈对比。抖音博主"刀小刀sama"正是靠此类视频而爆红，如图1所示。

流量变现方式：卖服装、卖化妆品、广告植入、抖音商品橱窗卖货等。

在"换装（妆）"前，人物的穿搭、装扮应尽量简单，画面的色彩也尽量真实、朴素一些，如图2所示。

在"换装（妆）"后，可以通过以下6个方面，营造出"换装（妆）"前后的强烈对比，得到如图3所示效果。

❶ 让着装及妆容更时尚、更精致。

❷ 使用滤镜营造特殊色彩。

❸ 使用剪映中的"梦幻"或者"动感"类别中的特效，强化视觉冲击力，如图3所示。

❹ 选择节奏感、力量感更强的BGM（背景音乐）。

❺ "换装（妆）"前后不使用任何转场特效，利用画面的瞬间切换营造强烈的视觉冲击力。

❻ 对"换装（妆）"后的素材进行减速处理，如图4所示。

▲ 图1

▲ 图2

▲ 图3

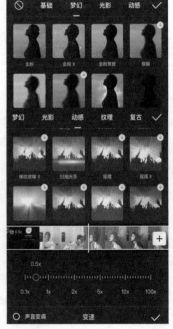

▲ 图4

剧情反转类视频的后期思路

剧情反转类视频主要依靠情节取胜，而视频后期处理则主要是将多段素材进行剪辑，让故事进展得更紧凑，并将每个镜头的关键信息表达出来。抖音博主"青岛大姨张大霞"正是靠此类视频而爆红，如图5所示。

流量变现方式：卖服装、道具、广告植入、抖音商品橱窗卖货等。

剧情反转类视频的后期思路主要有以下4点。

❶ 镜头之间不添加任何转场效果，让每个画面的切换都干净利落，将观众的注意力集中到故事情节上。

❷ 语言简练，每个镜头时长尽量控制在3秒内，通过画面的变化吸引观众不断看下去，如图6所示。

❸ 字幕尽量"简"而"精"，仅用几个字表明画面中的语言内容，并放在醒目的位置上，有助于观众在很短的时间内了解故事情节，如图7所示。

❹ 在故事的结尾，也就是"真相"到来时，可以将画面减速，给观众一个"恍然大悟"的时间去反思，如图8所示。

⚠ 图5

⚠ 图6

⚠ 图7

⚠ 图8

书单类视频的后期思路

　　书单类短视频的重点是要将书籍内容的特点表现出来。而书中的一些精彩段落或者书的内容结构，单独通过语言表达很难引起观众的注意，这就需要通过后期处理为视频添加一定的、能起到说明作用的文字，如图9所示。

　　流量变现方式：卖书、抖音商品橱窗卖货等。

　　书单类视频的后期思路主要有以下4点。

　　❶ 大多数书单类视频均为横屏录制，再在后期调整为"9∶16"。从而在画面上方和下方留有添加书籍名称和介绍文字的空间，如图10所示。

　　❷ 画面下方的空白处可以添加对书籍特色的介绍。为文本添加"动画"效果，可实现在介绍到某部分内容时，相应的文字以动态的方式显示在画面中，如图11所示。

　　❸ 利用文字轨道，还可以设置文字的移出时间，并且同样可以添加动画，如图12所示。

　　❹ 书单视频的BGM（背景音乐）应尽量选择舒缓一些的音乐。因为读书本身就是在安静环境下进行的事，舒缓的音乐能够让观众更有读书欲望。

图 9

图 10

图 11

图 12

特效类视频的后期思路

虽然用剪映或者快影并不能制作出科幻大片中的特效，但是当"五毛钱特效"与现实中的普通人同时出现时，同样让日常生活多了一丝梦幻。抖音博主"疯狂特效师"正是靠此类视频而爆红，如图13所示。

流量变现方式：广告植入、抖音商品橱窗卖货等。

特效类视频的后期思路主要有以下4点。

❶ 首先要能够想象到一些现实生活中不可能出现的场景。当然，模仿科幻电影中的画面也是一个不错的方法。

❷ 寻找能够实现想象中场景的素材。比如要想拍出飞天效果的视频，那么就要找到与飞天有关的素材；要想学雷神，就要找到雷电素材等，如图14所示。

❸ 接下来运用剪映中的"画中画"功能，如图15所示，为视频加入特效素材，再与画面中的人物相结合，就能实现基本的特效画面。为了让画面更有代入感，人物要做出与特效环境相符的动作或表情。

❹ 为了让人物与特效结合得更完美、不穿帮，还可以尝试不同的"混合模式"。如果下载的特效素材是"绿幕"或者"蓝幕"，则可以利用"色度抠图"功能，从而随意更换背景，如图16所示。

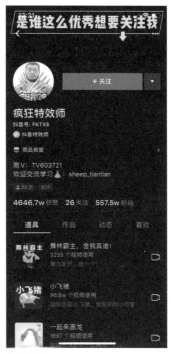
🔺 图13

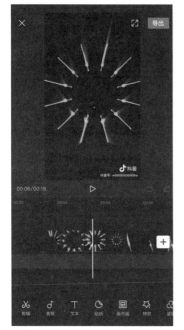
🔺 图14

🔺 图15

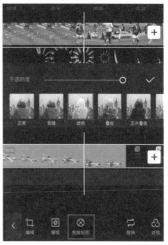
🔺 图16

开箱类视频的后期思路

开箱类视频之所以能吸引观众的眼球，主要是出于"好奇心"，所以大多数比较火的开箱类视频都属于"盲盒"或者"随机包裹"一类。但一些评测类的视频也会包含"开箱"过程，其实也是利用"好奇心"让观众对后面的内容有所期待。抖音博主"良介开箱"正是靠此类视频而爆红，如图17所示。

流量变现方式：广告植入、商品橱窗卖货等。

为了能够充分调动观众的好奇心，开箱类视频的后期思路主要有以下5点。

❶ 在开箱前利用简短的文字介绍开箱物品的类别作为视频封面。比如手办或者鞋、包等，但不说明具体款式，起到引起观众好奇心的目的，如图18所示。

❷ 未开箱的包裹一定要出现在画面中，甚至可以多次出现，充分调动观众对包裹内物品的期待与好奇。

❸ 用小刀划开包装箱的画面建议完整地保留在视频中，甚至可以适当降低播放速度，如图19所示。

❹ 打开包装箱后，从箱子中拿物品到将物品展示到观众眼前可以剪辑为两个镜头。第一个镜头显示正在慢慢地拿物品，而第二个镜头则直接展示物品，营造出一定的视觉冲击力。

❺ 在视频最后加入对物品的全方位展示，以及适当的讲解，其时长最好占据整个视频的一半，从而给观众充分的时间来释放之前积压的好奇心，如图20所示。

⋀ 图 17

⋀ 图 18

⋀ 图 19

⋀ 图 20

美食类视频的后期思路

美食类视频的重点是要清晰地表现出烹饪的整个流程，并且拍出美食的"色香味"。因此，对美食类视频进行后期处理时，在介绍佳肴所需的原材料和调味品时，要注意画面切换的节奏；而在将菜肴端上餐桌时，则要注意画面的色彩。抖音博主"家常美食教程（白糖）"正是靠此类视频而爆红，如图21所示。

流量变现方式：调味品广告、食材广告植入，以及商品橱窗售卖食品等。

为了能够清晰表现烹饪流程，呈现菜肴最诱人的一面，其后期思路主要有以下4点。

❶ 在介绍所需调料或者食材时，尽量简短，并通过"分割"工具，让每个食材的出现时长基本一致，从而呈现出一种节奏感，如图22所示。

❷ 为了让每一个步骤都清晰明了，需要在画面中加上简短的文字，介绍所加调料或者烹饪时间等关键信息，如图23所示。

❸ 通过剪映或者快影中的"调节"功能，增加画面的色彩饱和度，从而让菜肴的色彩更浓郁，激发观众的食欲。

❹ 美食视频的后期剪辑往往是一个步骤一个画面，视频节奏很紧凑。观众在看完一遍后很难记住所有步骤，因此在视频最后加入一张介绍文字烹饪方法的图片，可以使视频更受欢迎，如图24所示。

◭ 图21

◭ 图22

◭ 图23

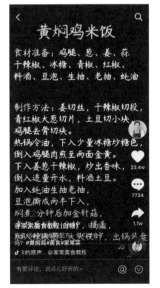

◭ 图24

混剪类视频的后期思路

目前抖音、快手或者其他短视频平台的混剪视频主要分为两类：第一类是对电影或者剧集进行重新剪辑，用较短的时间让观众了解其讲述的故事；第二类则是确定一个主题，然后从不同的视频、电影或者剧集中寻找与这个主题有关的片段，将它们拼凑到一起。

这两类视频均有不错的流量，但第一类对电影或剧集进行概括性讲解的混剪视频更受观众欢迎。抖音博主"影视混剪王"正是靠此类视频而爆红，如图25所示。

流量变现方式：广告和商品橱窗卖货。

混剪类视频的后期思路主要有以下3点。

❶ 在进行影视剧混剪之前，要将每个画面的逻辑顺序安排好，尽量只将对情节有重要推进作用的画面剪进视频中，并通过"录音功能"加入解说，如图26所示。

❷ 因为电影或者电视剧都是横屏的，而抖音和快手大多都是竖屏观看，所以建议通过"画中画"功能将剪辑好的视频分别在画面上方和下方进行显示，形成如图27所示的效果。

❸ 对于确定主题后的视频混剪，则需通过文字或者画面内容的相似性，串联起每个镜头。比如不同影视剧中都出现了主角行走在海边的画面，利用场景的相似性就可以进行混剪；或者是如图28所示，3个画面都表现了在抗疫期间，不同岗位上的人们所做的努力。通过"抗疫"这一主题，将不同的画面联系在一起。

▲ 图25

▲ 图26

▲ 图27

▲ 图28

科普类视频的后期思路

目前抖音或者快手中比较火的科普类视频主要是提供一些生活中的冷知识，比如"为何有的铁轨要用火烧？"或者"市面上猪蹄那么多，但为何很少见牛蹄呢？"

虽然即使不知道这些知识，对于生活也不会产生影响，但毕竟每个人都有"猎奇心理"，总是不能抗拒去了解这些奇怪的知识。抖音博主"笑笑科普"正是靠此类视频而爆红，如图29所示。

流量变现方式：广告植入和商品橱窗卖货。

科普类视频的后期思路主要有以下3点。

❶ 在第一个画面中要加入醒目的文字，说明视频要解决什么问题。这个问题是否能够引起观众的好奇心与求知欲，是决定观看量的关键所在，如图30所示。

❷ 科普类视频中需要包含多少个镜头，主要取决于需要多少文字能够解释清楚这个问题。因此在后期剪辑时，其思路与为文章配图是基本相同的。为了让画面不断发生变化，吸引观众继续观看，一般两句话左右就要切换一个画面，如图31所示。

❸ 为了让大多数人都能看懂科普类视频，也可以加入一些动画演示，让内容更加亲民。受众数量增加后，自然也会有更多的人观看，如图32所示。

△ 图 29

△ 图 30

△ 图 31

△ 图 32

文字类视频的后期思路

文字类视频除了文字内容，其余所有画面效果均是靠后期呈现的。此类视频的优势在于制作成本比较低，不需要实拍画面，只需把要讲的内容通过"动态文字"的方式表现出来即可。其中抖音博主"自媒体提升课"正是靠此类视频而爆红，如图33所示。

流量变现方式：广告植入和商品橱窗卖货。

文字类视频的后期思路主要有以下5点。

❶ 为了让文字视频更生动，并吸引观众一直看下去，文字的大小和色彩均要有所变化。在后期排版时，不求整齐，只求多变，如图34所示。

❷ 使用剪映制作此类视频时，通常需要在"素材库"中选择"黑场"或者"白场"，也就是选择视频背景颜色，如图35所示。

❸ 由于在建立"黑场"或者"白场"后，默认为横屏显示，所以需要手动设置比例为"9∶16"后，再旋转一下，形成如图36所示的竖屏画面，以方便在抖音、快手等平台观看。

❹ 利用文本工具输入大小、色彩不同的文字，再为每段文字添加动画效果，使文字视频更具观赏性，如图37所示。

❺ 文字的出现频率要与BGM（背景音乐）的节奏一致，利用剪映的"踩点"功能即可确定每段文字的出现时间。

⚑ 图33

⚑ 图34

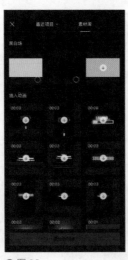

⚑ 图35

⚑ 图36

⚑ 图37

宠物类视频的后期思路

抖音和快手中的高赞宠物类视频主要分为两类，一类是表现经过训练后的狗狗的听话懂事，通人性。抖音博主"金毛~路虎"正是靠此类视频而爆红，如图38所示。

另外一类则是记录它们萌萌的、有趣的一刻，其中抖音号"汤圆和五月"的流量较高。

流量变现方式：售卖宠物相关用品。

宠物类视频的后期思路主要有以下3点。

❶ 将宠物拟人化是宠物类视频中比较常用的方法，所以通过后期加入一些文字，再配合其动作，以表现出宠物好像能听懂人话的感觉，如图39所示。

❷ 对于一些表现宠物搞笑的视频，还可以利用文字来指明画面的重点，比如图39中所示的猫咪的小短腿。另外，选择一种比较"可爱"的字体，可以使画面显得更萌，如图40所示。

❸ 对于猫咪的一些习惯性动作，可以发挥想象力，给予其另外一种解释。比如猫咪"踩奶"的行为，其实来源于猫咪幼年喝奶时，通过爪子来回抓按母猫乳房以刺激乳汁分泌，从而让幼猫喝到更多的奶水。而在长大后，这种习惯依旧被保留下来了，用来表现其心情愉悦、有安全感。而将"踩奶"行为描述为"按摩"，则可以使宠物视频更加生动，如图41所示。

▲ 图 38

▲ 图 39

▲ 图 40

▲ 图 41

第9章

火爆抖音的后期效果案例教学

浪漫九宫格实操教学

本案例主要通过蒙版及画中画等功能，实现一张照片在九宫格中配合音乐的节拍依次出现的效果。视频从结构上可以分为3部分，第一部分是照片局部在九宫格中根据音乐节拍依次闪现的效果，第二部分是照片局部在九宫格中逐渐增加的效果，第三部分是照片完整显示在九宫格中。扫描本书封底二维码可以获取相关视频教学课件。

步骤一：制作九宫格音乐卡点局部闪现效果

本步骤可以实现一张完整照片在九宫格中依次闪现的效果，具体操作方法如下。

❶ 导入一张比例为"1:1"的人物图片素材，以及一张九宫格素材，并将人物图片安排在九宫格前方，如图1所示。然后点击界面下方的"比例"按钮，设置画布比例为"9:16"（这种比例有利于在抖音、快手等手机短视频平台观看）。

❷ 点击界面下方的"画中画"按钮，点击"新增画中画"按钮，导入第二张图片素材，并调整其大小，使其刚好覆盖九宫格，并且周围还留有九宫格的白边，如图2所示。

❸ 点击界面下方的"蒙版"按钮，选择"矩形"蒙版，调节蒙版大小和位置，使画面中刚好出现左上角格子内的画面。蒙版的"圆角"可以通过拖动左上角的◙图标实现，如图3所示。

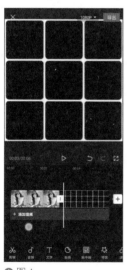  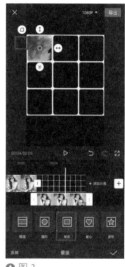

▲ 图1 ▲ 图2 ▲ 图3

❹ 选中刚刚处理好的画中画图层，并点击界面下方的"复制"按钮，如图4所示。

❺ 此时将时间轴移动到复制的画中画图层区域时，界面中的九宫格消失了。这时选中主视频轨道中的九宫格素材，向右拖动鼠标，使其覆盖画中画图层，九宫格则会重新出现，如图5所示。

❻ 选中复制的画中画素材，点击界面下方的"蒙版"按钮，将左上角格子画面拖动到其右侧格子中即可。这样就实现了左侧格子画面消失，另一个格子画面出现的"闪现"效果，如图6所示。

  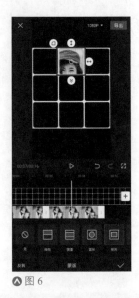

⚠ 图4　　　　　⚠ 图5　　　　　⚠ 图6

⑦ 接下来只需重复以上操作——"复制画中画""点击蒙版""拖动蒙版到下一个需要显示画面的格子"，直到9个格子都出现过画面为止。该视频中九宫格出现画面的顺序如图7所示。

⑧ "闪现效果"制作完成后，点击界面下方的"音频"按钮，添加背景音乐，此处选择的音乐是"Gamer"。选中该音乐，点击界面下方"踩点"按钮，如图8所示。

⑨ 点击"自动踩点"按钮，音频下方即会出现节拍点。但笔者觉得该背景音乐的节拍点并不准确，所以选择手动添加。

1	2	3
8	9	4
7	6	5

⚠ 图7

⑩ 根据音乐节拍点，将第一张照片的结束位置与节拍点对齐，如图9所示。

⑪ 根据音乐节拍点，将每一段画中画片段与节拍点对齐，从而实现"音乐卡点闪现"效果，如图10所示。

 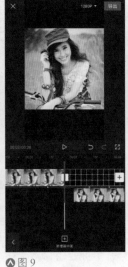 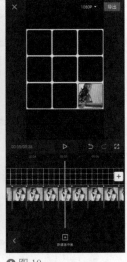

⚠ 图8　　　　　⚠ 图9　　　　　⚠ 图10

提示

在调节蒙版位置，使其单独显示某一格子中的画面时，由于剪映的吸附作用，很难做到精确定位。但笔者在反复尝试后发现，如果快速、大幅度地移动蒙版位置，并在指定位置突然降速，就会有概率精确调节位置。

另外，当前后两段视频片段的画面有较大变化时，为了与音乐匹配得更好，最好在音乐旋律也有较大变化的节拍点时进行转场。

步骤二：制作照片局部在九宫格内逐渐增加的效果

"步骤一"中制作的"闪现"效果，其特点是下一个格子画面出现时，上一个格子的画面就消失了。而在"步骤二"中所要实现的，即为"步骤一"中最后显示的格子画面不再消失，并且跟随音乐节奏，其他格子的画面依次出现，最终在九宫格中拼成一张完整的照片，具体操作方法如下。

❶ 选中已经制作好的最后一个画中画片段，点击界面下方的"复制"按钮，并将复制后的片段与下一个节拍点对齐，如图11所示。

❷ 将刚刚复制得到的片段再复制一次，然后按住该片段将其拖动到下一个视频轨道上，并与上一轨道中的视频片段对齐，如图12所示。

❸ 选中第二次复制得到的片段，点击界面下方的"蒙版"按钮，如图13所示。

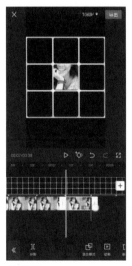
▲ 图 11

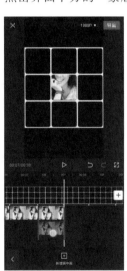
▲ 图 12

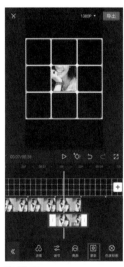
▲ 图 13

❹ 将蒙版拖动到右侧的格子上，使右侧格子出现画面，并且中间格子的画面依然存在，如图14所示。之所以会出现这种效果，是因为之前第一次复制的片段保证了中间格子的画面不会消失，第二次复制的片段在调整蒙版位置后，使另一个格子的画面出现。并且，这两个片段在两个视频轨道上是完全对齐的，所以两个格子的画面就会同时出现。

❺ 将第一层画中画轨道的画面拖动到下一个节拍点处，如图15所示。

⑥ 将第二层画中画轨道的视频复制一次，并对齐下一个节拍点，如图16所示。

⚠ 图14

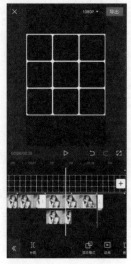
⚠ 图15

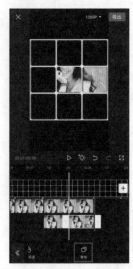
⚠ 图16

⑦ 再将复制得到的片段复制一次，长按并移动到下一层视频轨道上，使其与上一轨道的片段对齐，如图17所示。

⑧ 点击界面下方的"蒙版"按钮，并将其调整到如图18所示的位置上。

⑨ 按照相似的方法，继续让第4~6格子的画面依次出现即可，最终实现如图19所示的效果。由于剪映中画中画轨道的数量有限制，所以不能使用该方法让全部9个格子的画面都依次出现。

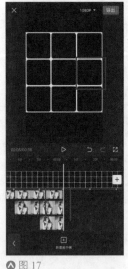
⚠ 图17

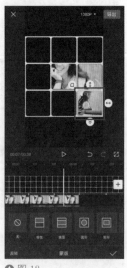
⚠ 图18

⚠ 图19

提示

如果想实现9个格子都依次出现的效果该怎么办？可以将已经制作好的6个格子依次出现的视频导出一次，然后再导入剪映，这样就可以继续添加画中画轨道，按照上文介绍过的方法，让剩余3个格子的画面也依次出现在九宫格中即可。

步骤三：制作完整图片出现在九宫格中的效果

在下方两排九宫格的画面都显示之后，让整张照片直接完整显示在九宫格内，具体操作方法如下。

❶ 选中其中一个轨道的视频片段并复制，如图20所示。

❷ 选中复制的视频片段，点击界面下方的"蒙版"按钮，如图21所示。

❸ 放大蒙版的范围，显示整张照片，并使其覆盖九宫格，注意四周要留有九宫格的白色边框，然后点击界面下方的"混合模式"按钮，如图22所示。

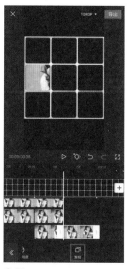
△ 图 20

△ 图 21

△ 图 22

❹ 将"混合模式"设置为"滤色"，此时九宫格的"格子"就显示出来了，如图23所示。

❺ 将该视频片段与下一个节拍点对齐，同时将主轨道中的九宫格素材的末尾也与之对齐，如图24所示。

❻ 选中背景音乐，将其末尾与主轨道素材的末尾对齐，如图25所示。至此，视频内容就基本制作完成了。

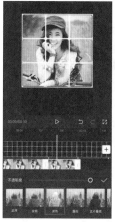
△ 图 23

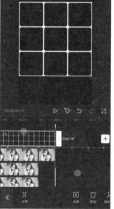
△ 图 24

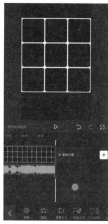
△ 图 25

步骤四：添加转场、动画、特效等润色视频

最后为视频添加合适的转场、动画、特效等，让画面效果更丰富，变化更多样，具体操作方法如下。

❶ 为第一张照片素材与九宫格素材之间添加"运镜转场"分类下的"向左"效果，如图26所示。

❷ 选中第一张照片素材，点击界面下方的"动画"按钮，为其添加"入场动画"中的"向右下甩入"，并延长动画时间，如图27所示。

❸ 在人物图片与九宫格转换节点之前的一个节拍点处，添加"热门"分类下的"心跳"特效，如图28所示，并将特效的首尾对齐节拍点。

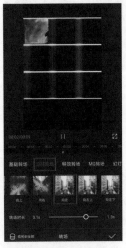
⚠ 图 26

⚠ 图 27

⚠ 图 28

❹ 当画面中出现九宫格后，为其添加"热门"分类下的"少女心事"特效。注意，将该特效的"作用对象"设置为"全局"，如图29所示。

❺ 最后，为每一个实现"九宫格闪现"效果的画中画轨道中的片段，增加一种入场动画效果，并将动画时长拖到最右侧，如图30所示。

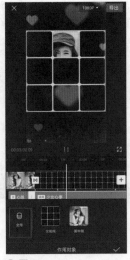
⚠ 图 29

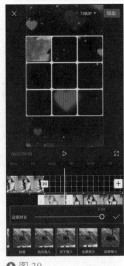
⚠ 图 30

利用绿幕素材合成创意特效视频实操教学

本案例主要通过"色度抠图"功能将绿幕素材抠出，从而与实拍画面进行合成。其难点在于前期拍摄时的角度控制，以及在后期制作过程中，实拍画面与素材的互动效果。扫描本书封底二维码可以获取相关视频教学课件。

步骤一：将绿幕素材合成到画面中

首先需要将绿幕素材与实拍画面进行合成，并且控制绿幕素材的位置及大小，具体操作方法如下。

▲图31

❶ 由于素材是要放在地面上的"火箭发射平台"，并且素材的角度无法调整，所以需要控制前期拍摄时的角度，使绿幕素材合成到画面中后，其透视关系基本正常。可以先在某个角度拍摄一张照片，然后将绿幕素材合成到照片中，观察角度是否合适。确认合适后，再正式进行素材拍摄。该案例中实拍素材的画面效果如图31所示。

❷ 将实拍素材导入剪映中，然后依次点击"画中画""新增画中画"按钮，导入绿幕素材，并让其覆盖整个屏幕，如图32所示。

❸ 点击界面下方的"色度抠图"按钮，并将取色器选择到绿色区域，如图33所示。

❹ 点击"强度"按钮，适当向右拖动强度数值，直到绿色区域全部消失，如图34所示。

▲图32

▲图33

▲图34

提示

在使用"色度抠图"功能时，如果将"强度"设置为最大也无法抠掉全部绿色区域，可以先稍稍提高"强度"数值，然后将素材放大，这样剩余的绿色区域也会被放大。接着再次点击"色度抠图"按钮，将取色器移动到放大后的绿色区域，往往就能得到不错的抠图效果。

⑤ 点击"阴影"按钮，适当向右拖动其数值，使抠出的景物的边缘更平滑，如图35所示。

⑥ 在保证绿幕素材覆盖整个画面的情况下，调整"火箭发射平台"的大小和位置，使其与场景融合得更自然，如图36所示。

⑦ 选中实拍素材，点击界面下方的"音量"按钮，将声音降低为"0"，从而关闭实拍素材的声音，如图37所示。

▲图35

▲图36

▲图37

步骤二：让实拍画面与绿幕素材产生互动

突然在自己身旁发射了一枚火箭，肯定会让人十分吃惊。因此要让火箭发射的素材与实拍素材中人物的表情相匹配，具体操作方法如下。

❶ 将时间轴拖动到人物开始"有反应"的时间点，并拖动绿幕素材至该时间点再向左一点的位置。这样就可以实现画面中出现火箭平台声音后，人物开始扭头向后看的效果，如图38所示。

❷ 但此时发现一个问题，即实拍素材已经结束了，火箭依然没有升空，导致部分画面的背景是黑色的，效果很差。所以如果能够重新拍摄，建议将实拍素材的拍摄时间延长一些，使其能够覆盖整个素材动画。笔者这里并没有重新拍摄，而是利用"变速"功能，让实拍素材中人物回头看之前的速度降低了，从而达到延长视频时长的目的。

因此在选中实拍素材后，点击界面下方的"变速"按钮，如图39所示。

❸ 随后点击"曲线变速"按钮，选择"自定"选项，并降低人物回头前的视频速度，如图40所示。

提示

除了重新拍摄素材和降低实拍素材速度外，还可以利用变速功能，让火箭发射素材的播放速度变快。或者在视频一开始的地方，进行"定格"处理。因为观众的关注点会瞬间被火箭发射平台吸引，所以即便环境被"定格"，也不会对视频效果产生影响。总之，在剪辑过程中，针对同一个问题总会有多种不同的解决方法，读者应各位要在实际操作中多多思考。

▲ 图38

▲ 图39

▲ 图40

步骤三：制作人物惊讶表情的特写画面

本视频的亮点除了夸张的素材，还在于人物在发现身旁进行火箭发射时的"惊讶表情"，接下来的处理就是为了让这个"惊讶表情"更突出，具体操作方法如下。

❶ 将时间轴拖动到人物惊讶表情出现的位置，选中该视频片段，点击界面下方的"定格"按钮，如图41所示。

❷ 不要移动时间轴，选择下方绿幕素材轨道，再次点击"定格"按钮，如图42所示。

❸ 缩短实拍素材的定格片段至1.5秒，如图43所示。

▲ 图41

▲ 图42

▲ 图43

❹将绿幕素材的定格片段与实拍素材的定格片段首尾对齐，如图44所示。

❺选中实拍素材的定格片段，将时间轴移动到该片段开头，点击◇图标添加关键帧，如图45所示。

❻将时间轴移动到实拍素材定格片段的尾端，然后放大画面并调整位置，让人物的惊讶表情出现在画面的左上角，此时剪映会自动生成一个关键帧，如图46所示。

⋏ 图 44

⋏ 图 45

⋏ 图 46

❼ 为了让视频更有趣味，在人物出现惊讶表情的定格片段处，添加一个问号贴纸，如图47所示。

❽ 最后，为惊讶表情处添加一个有趣的声效，进一步增加视频趣味性。

点击"音效"按钮后，选择"综艺"分类下的"疑问-啊？"音效，如图48所示。

通过确定该音效轨道的位置，使其与"问号"贴纸同步出现。

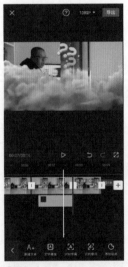

⋏ 图 47

⋏ 图 48

日记本翻页视频实操教学

本案例主要是利用背景样式及转场来营造日记本翻页的效果，非常适合用来展示外出游玩所拍摄的多张照片，并且充满文艺气息。扫描本书封底二维码可以获取相关视频教学课件。

步骤一：制作日记本风格画面

首先来营造日记本的画面风格，具体操作方法如下。

❶ 将准备好的图片素材导入剪映中，并将每一张图片素材的时长调整为2.7秒，如图49所示。

❷ 点击界面下方"比例"按钮，并设置为"9∶16"，如图50所示。该比例的视频更适合在抖音或者快手平台进行播放。

❸ 点击界面下方的"背景"按钮，选择"画布样式"选项，如图51所示。

△ 图 49

△ 图 50

△ 图 51

❹ 在"画布样式"中找到如图52所示的，很多小格子的背景，并点击"应用到全部"按钮。

❺ 选中第一张图片素材，然后适当缩小图片，使其周围出现背景的格子，并适当向画面右侧移动，为将来的文字留出一定的空间。并且当四周均出现"小格子"时，就出现了将照片贴在日记本上的感觉，如图53所示。

❻将其他所有照片都缩小至与第一张相同的大小，并放置在相同的位置上，如图54所示。

提示

如何让每一张图片的大小和位置都基本相同呢？对于本案例而言，先缩小照片，然后记住左右空出了多少个格子。再向右移动照片，记住与右侧边缘间隔多少个格子。这样，每张照片都严格按照先缩小，再向右移动的步骤，并且缩小后空出的格子及移动后与右边间隔的格子都保证一样，就可以实现位置和大小基本相同了。当然，前提是导入的照片比例一样。

步骤二：制作日记本翻页效果

接下来将通过添加转场实现日记本"翻页"效果，具体操作方法如下。

❶ 点击视频片段之间的□图标，选择"幻灯片"分类下的"翻页"转场效果，将时长设置为0.7秒，并点击"应用到全部"按钮，如图59所示。

❷ 添加转场效果后，文字与图片素材就不是首尾对齐的状态了，所以需要适当拉长图片素材，使转场刚开始的位置（有黑色斜线表明转场的开始与结束）与上一段文字的末端对齐，如图60所示。

❸ 按照此方法，将之后的每一张图片素材均适当拉长，使其与对应的文字末尾对齐，如图61所示。

⬆ 图 59

⬆ 图 60

⬆ 图 61

❹ 选中对应第二张图片的文字，点击界面下方的"动画"按钮，如图62所示。

❺ 选择"入场动画"中的"向左擦除"动画，并将时长设置为0.7秒，如图63所示。为文字添加动画是为了让其更接近"翻页"时，文字逐渐显现的效果。

需要注意的是，不用为第一张照片对应的文字添加动画，因为"第一页"是直接显示在画面中的，而不是"翻页"后才显示的。

⬆ 图 62

⬆ 图 63

步骤三：制作好看的画面背景

下面为"日记本"添加一些好看的"封面"，让画面更精彩，具体操作方法如下。

❶ 依次点击界面下方的"画中画""新增画中画"按钮，选中准备好的素材图片并添加到视频轨道上。然后适当放大该图片，使其图案覆盖画面，如图64所示。

❷ 然后点击界面下方的"编辑"按钮，再点击"裁剪"按钮，如图65所示。

❸ 裁剪下图片中需要的部分，并将其移动到画面上方作为背景，如图66所示。

❹ 接下来重复以上3个步骤，为界面下方也添加背景图片，并且让这两个画中画图层覆盖整个视频轨道，如图67所示。

⚠ 图 64

⚠ 图 65

⚠ 图 66

⚠ 图 67

❺ 依次点击界面下方的"文字""新建文本"按钮，在画面中添加"旅行日记"标题，让该轨道覆盖整个视频，如图68所示。

❻ 点击界面下方的"贴纸"按钮，添加图标分类下的动态小熊贴纸，并让其覆盖整个视频轨道，如图69所示。

最后，添加一首自己喜欢的背景音乐，即完成"日记本"翻页效果的后期制作。

⚠ 图 68

⚠ 图 69

三屏动态进场效果实操教学

本案例主要分为两部分，第一部分是三屏分别在不同时间进场的效果，第二部分是对每个场景进行单独展示。本案例中综合运用了蒙版、画中画、音乐卡点、变速曲线、动画等功能。扫描本书封底二维码可以获取相关视频教学课件。

步骤一：导入音乐并标注节拍点

既然涉及音乐卡点，所以在添加素材后，首先就要导入音乐，并标注出关键节拍点，具体操作方法如下。

❶ 点击"开始创作"按钮后，选择界面上方"素材库"选项，选择"黑场"并添加，如图70所示。

❷ 由于本案例效果需要与背景音乐高度匹配，在剪映中的音乐素材中又难以找到合适的音乐，所以此处将提取一段音频。点击界面下方的"音频"按钮，然后点击"提取音乐"按钮，如图71所示。

❸ 选中准备好的素材，点击界面下方的"仅导入视频的声音"，如图72所示。

❹ 选中导入的音乐，点击界面下方的"踩点"按钮，并根据节拍进行"手动踩点"。由于本案例共有6个画面跟着节拍点的节奏出现，所以标注上6个关键节拍点即可，如图73所示。

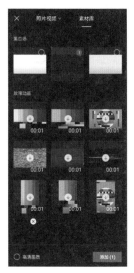
⚠ 图 70

⚠ 图 71

⚠ 图 72　　⚠ 图 73

提示

之所以加入黑场，是因为在三屏动态展示画面时，每一部分之间的线条都是黑色的，所以此处的黑场其实相当于是视频的背景。另外，对于需要"音乐卡点"的视频而言，往往首先需要确定的就是背景音乐及节拍点，因为之后确定片段时长时，均需要与对应的节拍点一一对应。

步骤二：制作三屏效果

本步骤的目的是将3个画面以每次大概1/3的比例出现在视频中，具体操作方法如下。

❶ 依次点击界面下方的"画中画""新增画中画"按钮，将第一段视频素材导入，并调整画面大小和位置，使最具美感的日出部分位于画面的左侧，如图74所示。

❷ 选中视频素材后，点击界面下方的"蒙版"按钮，选择"镜面"蒙版。调整蒙版角度至−69°，并使其覆盖画面左侧，如图75所示。

❸ 接下来通过"画中画"功能添加最右侧出现的视频片段，并调整画面大小和位置，使素材右侧的高楼出现在画面的右侧，如图76所示。

⬆ 图74　　　　　⬆ 图75　　　　　⬆ 图76

❹ 选中第二段视频素材，点击界面下方的"蒙版"按钮，依旧选择"镜面"蒙版，并同样将蒙版角度调整为−69°。但此时需要移动蒙版位置，使画面右侧出现影像，如图77所示。

❺ 按照同样的方法，将第三段素材添加至画中画轨道，并将需要出现的部分放置在画面中间位置，如图78所示。

❻ 选中第三段视频素材，点击界面下方的"蒙版"按钮，依旧选择"镜面"蒙版，并同样将蒙版角度调整为−69°，然后调整蒙版位置和大小，使其与左右两部分画面的间距基本相同，如图79所示。

❼ 接下来确定每一部分画面出现的时间。选中首先在左侧出现的视频素材，将其开头与第1个节奏点对齐，末尾与第4个节奏点相对齐（第4个节奏点之后将进入单独场景的变速展示）；然后选中在右侧出现的视频素材，将其开头与第2个节拍点对齐，末尾依然与第4个节拍点对齐；最后选择在中间出现的视频素材，将其开头与第3个节拍点对齐，末尾同样与第4个节拍点对齐。素材起始点位置最终确定后，其编辑界面如图80所示。

这样，三屏画面就会依次出现，在第3个节拍点后均出现在画面中，并且在第4个节拍点后一起消失。

图 77

图 78

图 79

图 80

步骤三：调整单个画面的显示效果

接下来制作案例的第二部分，也就是让每个场景完整地出现在画面中，并让视觉效果更突出，具体操作方法如下。

❶ 点击主视频轨道右侧的[+]图标，添加第一段视频素材，如图81所示。

❷ 选中该段素材，依次点击界面下方的"变速""曲线变速"按钮，选择"闪进"效果，如图82所示。

❸ 点击"点击编辑"按钮，进入手动编辑界面。提高左侧两个锚点的位置，让素材前半段的速度更快，如图83所示。

❹ 将素材填充整个画面，然后将其开头位置对齐第4个节拍点，将其末尾对齐第5个节拍点。如果此时素材过长，则直接将其缩短至第5个节拍点即可，如图84所示。

图 81

图 82

图 83

图 84

❺ 按照相同的方法，将第二个视频片段导入主视频轨道中，然后调节变速效果，并将其开头对齐第5个节拍点，末尾对齐第6个节拍点，如图85所示。

❻ 第三个视频的处理方法与前两段几乎完全相同，唯一不同之处在于选择的是"曲线变速"分类下的"蒙太奇"效果，然后手动提高前半段的速度，并将其开头与最后一个节拍点对齐，如图86所示。

❼ 接下来将背景音乐后面多余的部分进行"分割"并"删除"即可，如图87所示。

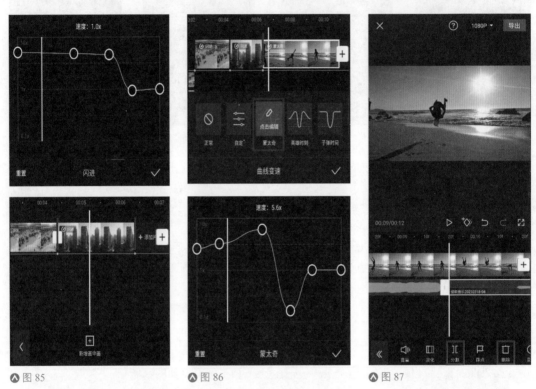

⋀ 图 85　　　　　　⋀ 图 86　　　　　　⋀ 图 87

步骤四：添加动画及特效让视频更具动感

通过上述操作视频的表现形式、内容，以及与音乐的匹配都已经完成。接下来利用剪映的动画及特效功能，让视频的每一个画面都更具视觉冲击力，更有动感，具体操作方法如下。

❶ 选中第一个画中画视频片段，点击界面下方的"动画"按钮，如图88所示。

❷ 选择"入场动画"分类下的"向下甩入"动画，如图89所示。

❸ 按照相同的方法，为画中画轨道中的第2个和第3个视频素材，分别添加入场动画分类下的"轻微抖动"和"向左下甩入"动画，如图90所示。

> **提示**
>
> 动画可以根据自己的喜好进行添加，不必拘泥于本案例中所选择的效果。但一些节奏感比较强、比较快的视频，适合添加如"抖动""甩入"等强调动感的动画。另外，也不建议增加动画时长，因为这样会让视频显得"拖泥带水"，不利于节奏感的表现。

△ 图88

△ 图89

△ 图90

❹ 点击界面下方的"特效"按钮，添加"漫画"分类下的"冲刺"特效，如图91所示。

❺ 仔细听背景音乐，将特效的开头确定在出现刺耳、尖锐声音的时刻（大约在接近2秒的位置），并将结尾对齐第4个节拍点，如图92所示。

❻ 选中该特效，点击界面下方的"作用对象"按钮，并选择"全局"选项，如图93所示。

△ 图91

△ 图92

△ 图93

提示

　　如果感觉某个场景过于昏暗，可以在选中该视频素材后，点击界面下方的"调节"按钮，并通过调整"亮度""光感""阴影"的数值，获得亮度合适的画面。

酷炫人物三屏卡点实操教学

本案例使用剪映专业版（PC版）进行制作，但通过手机版同样可以实现该效果，只不过个别工具的位置及操作方法略有不同。

制作此效果的重点在于利用剪映中的定格及画中画功能，实现同一段连续的画面分成三屏进行显示，并且每一屏的出现都与音乐节拍点相契合。扫描本书封底二维码可以获取相关视频教学课件。

步骤一：确定画面比例和音乐节拍点

既然涉及音乐卡点，那么首先需要确定的就是背景音乐和节拍点，具体操作方法如下。

❶ 打开剪映专业版，依次点击左上角的"视频""素材库"按钮，选择"黑白场"中的黑场并添加，如图94所示。

❷ 点击预览窗口右下角的"原始"按钮，将画面比例设置为"9:16"，如图95所示。

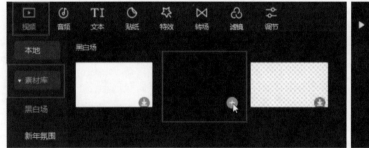

▲图94

▲图95

❸ 依次点击界面上方的"音频""本地"按钮，导入准备好的视频素材。此时，剪映会自动将该视频的背景音乐提取出来。然后将该音频添加至音频轨道，如图96所示。

▲图96

❹ 接下来为音频手动添加节拍点。在剪映专业版中，点击时间线左上角的▌图标，即可为时间轴所在位置添加节拍点，如图97所示。

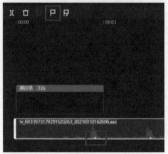

▲图97

⑤ 对于本案例的背景音乐而言，在所有出现"枪声"的地方添加节拍点即可。添加节拍点后的视频轨道如图98所示。

⚠ 图 98

步骤二：添加文字并确定视频素材在画面中的位置

接下来制作视频开头文字的部分，并让视频素材以三屏的形式在画面中出现，具体操作方法如下。

❶ 将"黑场"素材的末尾与第1个节拍点对齐，从而确定文字部分的时长，如图99所示。

❷ 依次点击左上角的"文本""新建文本"按钮，将鼠标悬停在"默认文本"上方，并点击右下角的"＋"图标，即可新建文本轨道，如图100所示。

⚠ 图 99

⚠ 图 100

❸ 选中新建的文本轨道，在界面右上方即可编辑文字内容。此处根据背景音乐的歌词，输入"Ya"，如图101所示。

❹ 保持该文本轨道处于选中状态，点击左上角的"动画"按钮，为其添加"入场动画"中的"收拢"效果，如图102所示。

❺ 再新建两个文本，分别输入"What can I say""It's OK"这两句话，并通过相同的方法进行处理。

⚠ 图 101

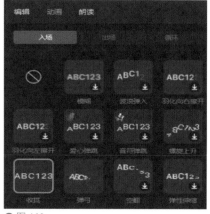

⚠ 图 102

提示

为了增加处理效率，读者可以直接复制已经处理好的"Ya"的文本轨道，然后只需修改文字内容即可，而不用重新设置字体和动画。

❻ 根据背景音乐中歌词的出现时刻，确定这3句英文在轨道上的具体位置，实现歌词唱到哪句就在画面中出现哪句文字的效果，如图103所示。

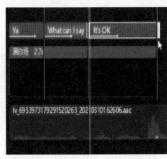

△ 图 103

❼ 将视频素材导入剪映中，然后添加至视频轨道，使其紧接黑场素材。将时间轴移动到第2个节拍点处，点击时间线左上角的 ⅠⅠ 图标进行分割，如图104所示。

❽ 将时间轴移动到第3个节拍点处，并进行分割，如图105所示。这样，就将一段视频素材分割成了3段，为之后3个画面依次出现在画面中打下了基础。

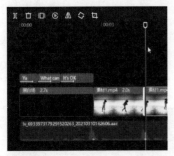

△ 图 104

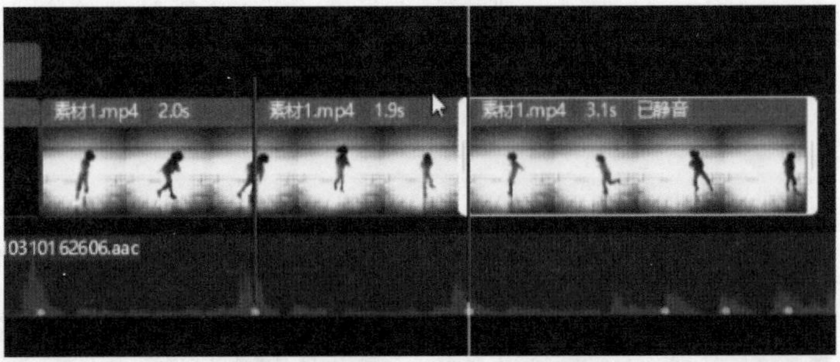

△ 图 105

❾ 按照时间顺序，将分割出的后两段视频分别放在主视频轨道上方的第一层和第二层视频轨道上，此处相当于手机版剪映的画中画功能，如图106所示。这里先不用确定其起始位置，只要将其拖拽到各自的视频轨道即可。

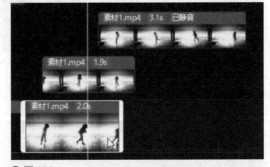

△ 图 106

❿ 选中主轨道视频，因为该视频片段是第一个出现的，所以将其移动到画面的最上方，如图107所示。

⓫ 接下来按照相同的方法，分别选中第2层和第3层视频轨道的素材，并将其分别置于画面中央和最下方，如图108所示。

△ 图 107

△ 图 108

步骤三：制作随节拍出现画面的效果

通过精确控制每一层轨道上视频素材的起始位置，再配合"定格"功能，就可以实现随节拍出现画面，并且凝固某一瞬间的效果，具体操作方法如下。

❶ 将时间轴移动到主轨道素材的末尾，点击时间线左上角的▣图标，如图109所示。此时在该素材后方会出现一段时长为3秒的定格画面。

❷ 选中该定格画面，并将其末尾与第4个节拍点对齐，如图110所示。

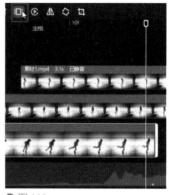

△ 图 109

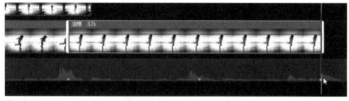

△ 图 110

❸ 选中第2条视频轨道的素材，并将其起点与第2个节拍点对齐，如图111所示。

❹ 然后将时间轴移动到该段素材的末尾，点击▣图标进行定格，并将定格画面的结尾与第4个节拍点对齐，如图112所示。

❺ 最后将第3条视频轨道素材的开头与第3个节拍点对齐，结尾与第4个节拍点对齐即可，如图113所示。

这样就形成了三屏随节点出现在画面中，并且每一屏出现时，上一屏的画面定格。

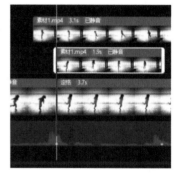

△ 图 111

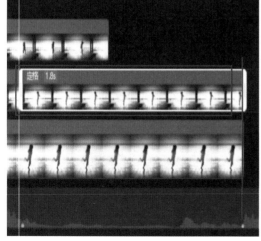

△ 图 112

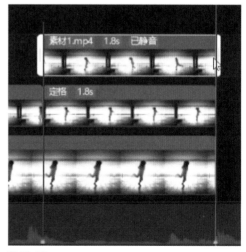

△ 图 113

❻ 下面制作3张静态图片按照节拍点三屏显示的效果。其实，如果学会了以上动态视频三屏显示效果的制作方法，后面的静态图片三屏显示的方法几乎完全相同。不同之处在于不用分割，也不用定格了。所以这里不再赘述操作方法，处理完成后的轨道如图114所示。

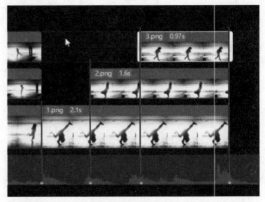

▲图114

❼ 接下来，还有一段女孩跳舞的视频，需要按照与上文所述相同的方法，也制作为三屏显示效果。女孩跳舞部分处理完成后的轨道如图115所示，可以看出与男孩跳舞的轨道如出一辙，在此不再赘述。

▲图115

❽ 最后，为了使每个视频片段出现时不过于单调，为其添加动画。在本案例中，添加的多为"入场动画"分类下的"轻微抖动"或者甩入类特效。因为此类特效的爆发力比较强，适合与背景音乐中的"枪声"节拍点相匹配，如图116所示。

按照上述方法，依次为主视频轨道和多个画中画轨道中的每一个片段都添加特效，完成本案例的制作。

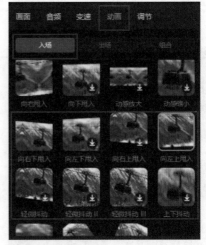

▲图116

动态片尾实操教学

很多短视频的结尾处都会有一个很酷的片尾来提醒观众点赞或者关注账号。在本案例中，将教会读者如何处理在视频中提供的素材，并利用色度抠图、画中画功能，制作出属于自己的动态片尾。通过右侧图片可大致了解本案例效果，扫描本书封底二维码即可获取相关视频教学课件。

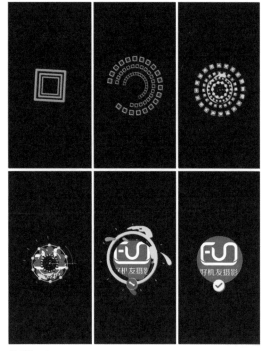

⚠ 图 117

素描画像渐变效果实操教学

虽然并不是每个人都会素描，但是通过剪映，可以制作出逐渐画出人物的素描像，并最终变化为真人照片的效果。本案例需要使用剪映中的滤镜、混合模式、蒙版及特效等功能。通过右侧图片可大致了解本案例效果，扫描本书封底二维码即可获取相关视频教学课件。

⚠ 图 118

坡度卡点效果实操教学

音乐卡点视频绝对不仅仅只有随着节拍变化图片这一种形式。本案例中介绍的坡度卡点效果即为音乐卡点中的另一种形式，通过改变动态画面的节奏实现卡点效果。本案例中主要应用到音乐踩点和变速功能。通过右侧图片可大致了解本案例效果，扫描本书封底二维码即可获取相关视频教学课件。

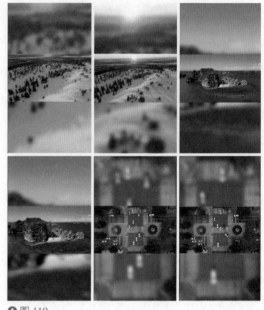

▲ 图 119

酷炫文字卡点视频实操教学

文字卡点是音乐卡点视频的另一种重要表现形式。通过让文字根据音乐的节奏有规律地弹出来形成"卡点"效果。为了让文字在弹出时看起来更具动感，所以没有使用常规的"文字"动画，而是将文字导出为"视频"，以便套用视频轨道才能够使用的"动画"效果。通过右侧图片可大致了解本案例效果，扫描本书封底二维码即可获取相关视频教学课件。

Say what

Say what

还是只看教学 没自己动手？

给我 自己做！

多看几遍跟着做

▲ 图 120

创意钟摆效果实操教学

　　本案例的特点在于画面随着钟摆的摆动而显示左右两部分不同的画面。该效果需要使用色度抠图和画中画功能进行制作。并且为了获得更佳的效果，建议选择与"时间"有关的内容进行创作。通过右侧图片可大致了解本案例效果，扫描本书封底二维码即可获取相关视频教学课件。

⚠ 图 121

滑屏Vlog效果实操教学

　　如果想在一个画面中同时展示多个视频，并且视频还会自动向下滚动的效果，该怎么做？其实通过调节画布比例，再添加背景，然后利用画中画功能对一个画面上的多个视频进行排版，导出后再调节其比例，并利用关键帧实现"滑屏"效果即可。通过右侧图片可大致了解本案例效果，扫描本书封底二维码即可获取相关视频教学课件。

⚠ 图 122

开门转场效果实操教学

　　"开门转场"效果非常适合在大美风光类的视频中使用，可以营造出强烈的视觉冲击力。制作该效果的方法并不难，使用画中画、蒙版和关键帧功能即可完成。但关键是要足够细心并且有耐心多次调整蒙版的范围，才能让整个转场效果更加自然。通过右侧图片可大致了解本案例效果，扫描本书封底二维码即可获取相关视频教学课件。

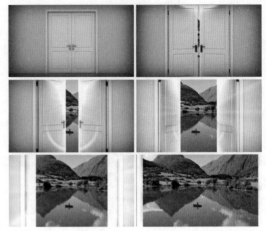

︿图 123

双重曝光效果实操教学

　　本案例将制作出动态的双重曝光效果视频。该效果主要用到画中画、混合模式和倒放功能进行后期处理。制作前要提前准备一段剪影画面，这样才能让另外一段素材的场景出现在剪影轮廓内，从而形成"画中有画"的双重曝光效果。通过右侧图片可大致了解本案例效果，扫描本书封底二维码即可获取相关视频教学课件。

︿图 124

酷炫的玻璃划过效果实操教学

　　本案例效果可以让画面出现好像有玻璃划过而产生的局部畸变现象，主要利用画中画、镜面蒙版、关键帧及特效进行制作。所准备的素材最好是运动类、舞蹈类或者其他具有一定动感的画面，因为此类素材在使用该效果后可以形成酷炫的视觉效果。通过右侧图片可大致了解本案例效果，扫描本书封底二维码即可获取相关视频教学课件。

△ 图 125

老式胶片效果实操教学

　　本案例中将营造一种老式胶片放映的效果，从而让视频具有一定的复古感。该效果主要利用背景、混合模式、特效及音效进行制作。需要强调的是，一些本身就具有复古气息的素材在应用该效果时会更合适。通过右侧图片可大致了解本案例效果，扫描本书封底二维码即可获取相关视频教学课件。

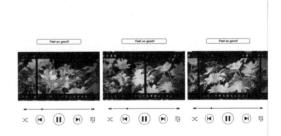

△ 图 126

第 10 章
用手机拍摄后期剪辑所需素材

视频录制的基础设置

安卓手机视频录制参数设置方法

安卓手机和苹果手机均可对视频的分辨率和帧数进行设置。其中安卓手机还可以对视频的画面比例进行调整，苹果手机目前暂不支持该功能。

安卓手机视频录制参数请见下表，设置方法如下图所示。

分辨率	4K	1080p		720P	
比例	16：9	21：9	16：9	21：9	16：9
帧数（帧）	30	30	60	30	60

❶ 点击界面左上角的◎图标进入设置界面

❷ 选择"分辨率"选项

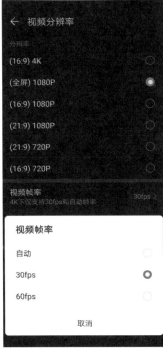

❸ 根据拍摄需求，选择视频的比例、清晰度及帧率

苹果手机分辨率与帧数设置方法

在苹果手机中也可对视频的分辨率和帧数进行设置。

在录制运动类视频时，建议选择较高的帧率，让运动物体在画面中的动作更流畅。而在录制访谈等相对静止的画面时，选择30帧即可，既省电又省空间。

选择这些参数需要特别关注以下两点。

首先是1080p HD 60 fps及4K 60 fps，使用这两种参数拍出来的视频每秒有60帧画面，这样的视频不仅观看流畅，而且可以通过后期制作出2倍速慢速播放效果，从而制作出许多情绪不同的转场或者画面效果。

其次是4K分辨率，虽然听上去很高端，但如果拍出来的视频只是在手机或者Pad等媒体终端观看，并不建议使用，因为在观看效果上与1080p并没有明显区别，却在拍摄时占用了大量手机空间。

❶ 进入"设置"界面，选择"相机"选项

❷ 选择"录制视频"选项，进入分辨率和帧数设置界面

❸ 选择分辨率和帧数

视频分辨率的含义

视频分辨率是指每一个画面中所能显示的像素数量，通常以水平像素数量与垂直像素数量的乘积或者垂直像素数量表示。通俗地理解就是，视频分辨率数值越大，画面越精细，画质越好。

以1080p HD为例，1080就是垂直像素数量，表示其分辨率；p代表逐行扫描各像素；而HD则代表"高分辨率"，只要垂直像素数量大于720，就可以称之为"高分辨率视频"或者"高清视频"，并带上HD标识。但由于4K视频已经远远超越了"高分辨率"的要求，所以反而不会带有HD标识。

fps的含义

通俗来讲，fps就是指一个视频里每秒展示出来的画面数。例如，一般电影以每秒24张画面的速度播放，也就是一秒钟内在屏幕上连续显示出24张静止画面。由于视觉暂留效应，使观众看上去电影中的人像是动态的。

因此，每秒显示的画面数越多，视觉动态效果越流畅；反之，画面数越少，观看时就会产生卡顿感觉。

苹果手机视频格式设置方法

有些读者使用苹果手机拍摄的照片和视频，复制到Windows系统的计算机中后，无法正常打开。出现这种情况的原因是在"格式"设置中选择了"高效"选项。

在这种模式下，拍摄的照片和视频分别为HEIF和HEVC，如果想在Windows系统环境中打开这两种格式的文件，则需要使用专门的软件才能打开。

因此，如果拍摄的照片和视频需要在Windows系统的计算机中打开，并且不需要文件格式为HEIF和HEVC（录制4K 60fps和240fps视频需要设置为HEVC格式），那么建议将"格式"设置为"兼容性最佳"，这样可以更方便地播放或者分享文件。

❶ 进入"设置"界面，选择"相机"选项

❷ 选择"格式"选项

❸ 如果拍摄的照片或者视频需要在Windows系统中打开，则建议选择"兼容性最佳"选项

提示

超取景框功能需要在"格式"设置中选择"高效"选项才可正常使用。

使用手机录制视频的基本操作方法

苹果手机录制常规视频的操作方法

打开苹果手机的照相功能，然后滑动下方选项条，选择"录像"模式，点击下方的圆形按钮即可开始录制，再次点击该按钮即可停止录制。

苹果手机还有一个比较人性化的功能，即在录制过程中点击右下角的快门按钮可随时拍摄静态照片，从而快速留住每一个精彩瞬间。

另外，在iPhone 11 中，还可以在拍摄照片时按住快门按钮不放，从而快速切换为视频录制模式。如需长时间录制，在按住快门按钮状态下向右拖动即可。

使用 iPhone 11 拍摄照片时，可以通过长按快门按钮的方式进行视频录制；松开快门按钮即结束录制。如果需要长时间录制视频，将快门按钮向右拖动至 ▣ 图标上即可

❶ 在视频录制模式下，点击界面右侧的快门按钮即可开始录制

❷ 录制过程中点击右下角的快门按钮可在视频录制过程中拍摄静态照片；点击右侧中间的圆形按钮可结束视频录制

安卓手机录制常规视频的操作方法

安卓手机与苹果手机的视频录制方法基本相同，均需要打开照相软件，然后滑动下方选项条，选择"录像"模式，点击下方圆形按钮即可开始录制，再次点击该按钮即可停止录制。

安卓手机和苹果手机均有一个人性化的功能，即在录制过程中点击右下角的快门按钮可随时拍摄静态照片，从而不错过任何一个精彩瞬间。

❶ 在视频录制模式下，点击界面右侧的快门按钮即可开始录制

❷ 录制过程中点击右下角的快门按钮可在视频录制过程中拍摄静态照片；点击右侧中间的圆形按钮可结束视频录制

录制视频的注意事项

要想录制出满意的视频，需要格外注意以下3点。

保持安静。由于拍摄者离话筒比较近，如果边拍摄边说话，拍摄者的声音在视频中听起来会很大，会感觉乱糟糟的，所以尽量不要说话。

拍摄过程中谨慎对焦。在拍摄的过程中尽量不要改变对焦，因为重新选择对焦点时，画面会有一个由模糊到清晰的缓慢过程，破坏画面的流畅感。

注意光线。在光线较弱的环境中摄像时，手机视频的噪点会比较多，非常影响画面美观。为了避免这种情况，在没有专业设备的情况下，可以看看周围有哪些照明设施可用。

录制慢动作视频的操作方法

在录制动态画面视频时，利用慢动作视频功能可以表现出很多肉眼观察不到的奇妙景象，如下雨时雨水一滴一滴地从天空落下的景象，以及孩子在玩耍时表情与姿态的细微变化等。

安卓手机可在"更多"中找到"慢动作"视频录制功能。开启该功能后可选择"4×"慢动作、"8×"慢动作和"32×"慢动作3种模式。其中"32×"慢动作的录制时间及慢动作处理的片段是固定的；而"4×"慢动作和"8×"慢动作可以根据拍摄需求确定录制时长和慢动作片段的范围。

值得一提的是，华为Mate30 Pro手机的慢动作拍摄能力已经达到了惊人的7680帧/秒，相当于正常播放时长为1秒的视频（30帧），使用华为Mate30 Pro的慢动作功能进行录制后，播放时长将变为256秒，因此连子弹出膛的过程都可以拍成肉眼可识别的程度，几乎可与专业摄像机相媲美，在智能手机慢动作拍摄功能上遥遥领先。

⚠ **安卓手机慢动作模式设置：**点击"更多"按钮，即可选择"慢动作"功能

❶ 点击红框内的数值可选择慢动作倍数

❷ 在录制过程中尽量保持手机稳定，再次点击快门按钮可停止录制

❸ 录制完成后，可选择视频中的片段进行慢动作处理

苹果手机在打开相机后，通过划动拍摄界面即可选择"慢动作"模式，点击界面下方的"录制"按钮即可开始慢动作视频录制，再次点击即结束录制。

❶ 点击红框内数值可选择慢动作倍数

❷ 在录制过程中尽量保持手机稳定，再次点击快门按钮可停止录制

⌃ 苹果手机慢动作模式设置:
划动拍摄界面即可选择"慢动作"模式

在苹果手机中可以设置为"4×"慢动作和"8×"慢动作两种模式。"4×"慢动作意味着正常播放1秒的画面，经过"4×"慢动作录制后会播放4秒，从而可以更清晰地看到动态画面中的细微变化。

值得一提的是，虽然在苹果手机中，慢动作倍数不是以"4×"或者"8×"来表示的，而是以120fps和240fps来表示，但其实120fps相当于"4×"慢动作，240fps相当于"8×慢动作。

❶ 在"设置"中选择"相机"选项

❷ 选择"录制慢动作视频"选项

❸ 选择120fps或者240fps选项，即可录制"4×"或者"8×"慢动作视频

录制延时视频的操作方法

延时摄影又称缩时录影，即将几小时甚至是几天、几年时间内事物发展过程的影像压缩在一个较短的时间内，以视频的方式进行播放。在这类视频中，事物或者景物缓慢变化的过程被压缩到一个较短的时间内，影视中常见的日月穿梭、花开花谢等就是典型的延时摄影。

这种视频如果使用单反相机拍摄相对麻烦，使用手机拍摄由于可以直接生成视频，反而比较简单。延时摄影可以固定机位进行拍摄，也可以移动机位进行拍摄。

采用固定机位拍摄时，需要注意拍摄场景内要有移动的景物，如移动的人群，这样才能体现延时摄影动静结合的效果。为了保证拍摄质量，最好利用脚架固定手机；如果只能手持拍摄，则尽量保持手机稳定。

采用移动机位拍摄时，需要准备稳定手机的配件，如稳定器，这样才能保证移动手机录制的延时视频更流畅。当然，也可以通过将手机固定在移动物体上来实现类似的效果，如固定在开动的汽车中，录制车外景物的延时视频。

安卓手机和苹果手机均自带延时拍摄模式，其中安卓手机在"更多"中即可找到"延时摄影"功能；苹果手机在拍摄界面划动屏幕，可选择"延时摄影"模式。

需要注意的是，使用苹果手机的"延时摄影"模式，其拍摄照片的时间间隔是固定的，并且无法设置拍摄时间（只能手动停止拍摄）。如果希望根据不同的拍摄场景，如日出延时、流云延时、人流延时等选择不同的拍摄间隔，并拥有定时拍摄功能，则建议下载第三方App，如"延时摄影大师"，以获得更丰富的控制参数。

扫描本书封底二维码可以观看笔者在颐和园使用苹果手机录制的一段延时视频教程。

△ **安卓手机延时摄影模式设置**：点击"更多"按钮，即可选择"延时摄影"功能

△ **苹果手机延时摄影模式设置**：划动拍摄界面即可选择"延时摄影"模式

提示

在录制延时视频的过程中，最好为手机外接充电宝，以避免在录制过程中由于电量耗尽而关机。另外，在录制过程中，最好将手机设置为飞行模式，以避免由于来电而导致拍摄中断。

使用手机录制视频的进阶配件及技巧

由于视频呈现的是连续的动态影像，因此与拍摄静态图片不同，需要在整个录制过程中持续保证稳定的画面和正常的亮度，并且还要考虑声音的问题。所以，要想用手机拍摄出优质的短视频，需要更多的配件和技巧才能实现。

保持画面稳定的配件及技巧

三脚架

进行固定机位的短视频录制时，通过三脚架固定手机即可确保画面的稳定性。

由于手机重量较轻，所以市面上有一种"八爪鱼"三脚架，可以在更多的环境下进行固定，非常适合户外固定机位录制视频时使用。

而常规的手机三脚架则适合在室内录制视频，其机位一旦选定后，即可确保在重复录制时，其取景不会发生变化。

⋀ 八爪鱼手机三脚架

稳定器

在移动机位进行视频录制时，手机的抖动会严重影响视频质量。而利用稳定器则可以大幅减弱这种抖动，让视频画面始终保持稳定。

根据所要拍摄的效果不同，可以设定不同的稳定模式。比如想跟随某人进行拍摄，就可以使用"跟随模式"，稳定、匀速地跟随人物进行拍摄。如果想要拍摄"环视一周"的效果，也可使用该模式。

另外，个别稳定器还配有手动调焦等功能，可以轻松用手机实现"希区柯克式变焦"效果。

⋀ 常规手机三脚架

⋀ 稳定器

移动身体而不是移动手机

在手持手机录制视频时，如果需要移动手机进行录制，那么画面很容易出现抖动。建议将手肘放在身体两侧夹住，然后移动整个身体来使手机跟随景物移动，这样拍摄出来的画面会比较稳定。

⌃ 当需要移动手机录制山脉全景时，移动身体可以使手机更平稳

替代滑轨的水平移动手机技巧

如果希望绝对平稳地水平移动手机进行视频录制，最佳方案是使用滑轨。然而滑轨是非常专业的视频拍摄配件，使用起来也比较麻烦，所以大多数短视频爱好者都不会购买。

可以先将手机固定在三脚架上，然后在三脚架下垫一块布（垫张纸也可以，但纸与桌面的摩擦会出现噪音），接下来缓慢、匀速地拖动这块布就可以实现类似滑轨的移镜效果。

⌃ 缓慢拖动三脚架下面的布，以便较稳定地移动手机

保持画面亮度正常的配件及技巧

利用顺光或者侧光打亮人物

逆光虽然经常被用在图片拍摄中，但主要是为了营造剪影效果，或者是在有多方向光源时，利用逆光来勾勒亮边。

但在短视频录制过程中，布置多个光源对于短视频爱好者来说并不现实，如果一个视频又完全以剪影呈现（除特殊艺术效果外），画面会显得非常单调。

所以，尽量利用顺光或者侧光打亮视频中的人物或者场景，从而让观众能够看到更丰富的画面。

⌃ 利用侧光打亮画面中的人物并进行拍摄

通过手机调节画面亮度或者锁定亮度拍摄

在视频录制过程中，调整画面亮度是不可取的，会极大地影响视频效果。因此需要在录制前，通过手机的曝光补偿功能调整至合适的画面亮度再进行录制。

如果在录制过程中光线发生变化，在默认设置下，手机会自动调整曝光量从而始终确保画面的亮度是正常的。

但在某些情况下，可能希望真实地记录光线变化所造成的画面明暗变化，比如，在进行延时摄影时，日落时画面逐渐变暗是表现时间推移的重要元素，此时就需要长按手机屏幕，直到出现"自动曝光锁定"字样为止。

⌃ 当需要录制画面亮度随时间推移而变化的效果时，需要锁定曝光后再进行录制

利用简单的人工光源进行补光

在室内进行视频录制时，即便肉眼观察到的环境亮度已经足够，但手机的宽容度比人眼差很多，所以往往通过曝光补偿调节至正常亮度后，画面会出现很多噪点。

如果想获得更好的画质，最好购买补光灯对人物或者其他主体进行补光。补光灯通常为LED常亮灯，再加上柔光罩，就可以发出均匀的光线。

其中，环形LED补光灯非常适合自拍视频使用。在没有补光灯的情况下，甚至可以打开手机的手电筒，将闪光灯变为可以补光的常亮灯使用。

⌃ 环形 LED 补光灯

通过反光板进行补光

反光板是一种比较常见的低成本补光方法，而且由于是反射光，所以光质更加柔和，不会产生明显的阴影。但为了获得较好的效果，需要布置在与主体较近的位置。这就对视频拍摄时的取景有了较高的要求，通常用于固定机位的拍摄（如果是移动机位拍摄，则很容易将附近的反光板也录制进画面中）。

⌄ 反光板

使用外接麦克风提高音质

在室外录制视频时，如果环境比较嘈杂或者是在刮风的天气下录制，视频中会出现大量噪音。为了避免这种情况，建议使用可连接手机的麦克风进行录制，视频中的杂音将会明显减少。

另外，安卓手机大多采用Type-C接口，苹果手机则为Lightning接口，而用于连接手机的麦克风大多仅匹配3.5mm耳机接口，所以还需准备一个转换接头方可使用。

⌄ 手机可以使用的麦克风

根据平台选择视频画幅的方向

不同的短视频平台，其视频展示方式是有区别的。比如优酷、头条和B站等平台是通过横画幅来展示视频的，因此竖幅拍摄的视频在这些平台上展示时，两侧就会出现大面积的黑边。

而抖音、火山和快手等短视频平台，其展示视频的方式是竖画幅，此时以竖画幅录制的视频就可以充满整个屏幕，观看效果会更好。

所以在录制视频前，要先确定将要发布的平台，再确定是竖幅录制还是横幅录制。

⌄ 竖画幅录制的视频更适合发布在抖音、快手等手机短视频平台上

移动时保持稳定的技巧

即便使用稳定器，在移动过程中进行拍摄也不可太过随意，否则画面同样会出现明显的抖动。因此，掌握一些移动拍摄的小技巧很有必要。

始终维持稳定的拍摄姿势

为保持稳定，在移动拍摄时需要保持正确的拍摄姿势。双手要拿稳手机（或者稳定器），从而形成三角形支撑，增强稳定性。

憋住一口气

此方法适合在短时间内移动机位录制时使用，因为普通人在移动状态下憋一口气也就维持十几秒的时间。如果在这段时间内可以完成一个镜头的拍摄，那么此法可行。如果时间不够，切记不要采用此种方法。因为在长时间憋气后，势必会急喘几下，这几下急喘往往会让画面出现明显抖动。

保持呼吸均匀

如果憋一口气的时间无法完成拍摄，那么就需要在移动录制过程中保持呼吸均匀。稳定的呼吸可以保证身体不会出现明显的起伏，从而提高拍摄稳定性。

⚠ 憋住一口气可以在短时间内拍摄出稳定的画面

屈膝移动减少反作用力

在移动过程中之所以很容易造成画面抖动，其中一个很重要的原因就在于迈步时地面给的反作用力会让身体震动一下。但当屈膝移动时，弯曲的膝盖会形成一个缓冲，就好像自行车的减震一样，从而避免产生明显的抖动。

提前确定地面情况

在移动录制时，眼睛一直盯着手机屏幕，无暇顾及地面情况。为了确保拍摄过程中的安全性和稳定性，一定要事先观察好路面情况，从而在录制时可以有所调整，不至于摇摇晃晃。

录制短视频需要注意的问题

注意手机可用容量

　　市场上很多手机均可以录制4K视频。4K视频虽然更清晰，但却会占用大量手机存储空间。

　　以iPhone 11拍摄4K、60fps视频为例，每分钟需要占用400MB的存储空间，录制一段10分钟的视频，就需要近4GB的空间。

　　所以，为了能够让视频录制顺利进行，在录制之前务必检查一下手机的可用容量。

❶ iPhone手机在"设置"中选择"通用"选项　❷ 选择"iPhone 储存空间"选项　❸ 在界面上方即可查看当前 iPhone 的存储空间使用情况

⏷ 在录制美食制作视频前，注意查看手机的存储空间

❶ 华为手机在"设置"菜单中选择"存储"选项　❷ 在界面上方即可查看当前的存储空间使用情况

将手机调为飞行模式

在视频录制过程中，如果有电话打入，iPhone会暂停录制。虽然在挂断电话后，录制会自动继续进行，但即便是短暂的中断，也很有可能导致整个视频需要重新录制，或者是在后期剪辑时进行弥补。

即便没有电话打入，弹出的微信、信息、通知等窗口也会分散注意力，从而导致在录制过程中出现失误。

⬆ 华为手机在屏幕中下滑上方的状态栏，以显示更多的设置图标，点亮"飞行模式"图标即可

⬆ 苹果手机打开"设置"菜单，启用"飞行模式"功能

手机电量保持充足

录制视频非常耗电，因此，在拍摄前最好保证电量充足。尤其在录制延时视频、教学课程视频等可能需要连续拍摄几个小时的题材时，除了确保电量充足，还应该在拍摄过程中将手机连上充电宝，以保证在整个录制期间不会出现电量耗尽的情况。

⬆ 冬天在室外录制视频时会更加耗电，带上充电宝非常有必要

◀ 充电宝可确保手机进行长时间视频录制

第 11 章
懂运营才能让优秀作品脱颖而出

短视频的这5个坑不要再踩

追求专业的设备

新入行的读者一定要明白，拍短视频并不需要过于专业的设备，尤其是刚开始创作时，由于还没有看到收益，可以将它作为一个副业，或者自己的职场B计划。

所以一开始无须采购昂贵的单反、微单和镜头，以及专业的收音或者灯光设备。

无数短视频创业者通过实践证明，只需一台运行流畅的手机和一个后期剪辑App就可以动手拍摄了，剩下的就是创意与激情。

创意只用一次

当有了一个非常好的脚本或者创意时，如果要把它拍成短视频，就要充分利用好这个创意，也就是说一个创意要反复多次利用。

举一个简单的例子，例如经常拍摄的摄影类教学视频，如果要讲解拍摄花朵的技巧，可以分别用桃花、梅花、荷花等不同的花来讲解同样一个拍摄手法。

这个道理其实非常简单，没有任何人有把握自己所拍摄的视频能够成为爆款，因此必须要通过一定的量去提高这个概率，提高成为爆款的可能性。

同样，当拍摄好一个带货视频时，这个视频中间的场景道具及人物都可以做不同的替换，从而用一个创意拍摄出多个不同的视频。

然后将这些视频分别安排在不同的时段、不同的账号进行播放，从而提高其成为爆款的可能性。

混淆短视频和长视频

这里所说的长视频是指经常在网络上能够看到的一些网剧或者微电影，对于这样的视频，大家对其视觉美感还有一定的要求。

但是短视频不同，短视频是一个快餐性的文化，大家基本上都是在茶余饭后、等人等车，甚至是在上厕所的间隙去观看这种视频，对其要求及期望本身并不是很高。

因此短视频的核心要点其实是剧情和干货，所以才会出现某些从长视频转行到短视频的团队，仍然采用了长视频的人员搭配或者操作方法，结果导致转行失败的情况。

其实，即使当前比较成规模的短视频团队，非常主流的短视频拍摄方法仍然是采用短平快的拍摄方法，在一天内生产出十几条短视频。制作短视频时，一定不要把它当成一个精品网剧去操作，这种成功的概率，以及投入和产出的比例并不理想。

IP人设的法律风险

现在大部分人都知道IP的重要性，一个易于辨识的、独特的IP，能够让自己的视频账号从众多的账号中脱颖而出，并且让粉丝记住自己。

这里其实涉及一个问题，是将自己的主播打造成为账号的标志性IP人物，还是将自己塑造成IP人物。

每一个火爆账号的背后都有非常鲜明且独特的人设，让用户一眼就能认出来是他，让人一看到类似的剧情就能想到他。

比如"多余和毛毛姐"这个账号，橙红色、卷曲的头发、红色的连衣裙，操着一口贵阳普通话，有点疯疯癫癫的毛毛姐让人一下就能识别出来。

"破产姐弟"这个账号的主人公是一对开店的姐弟，弟弟心直口快，姐姐擅长销售。

"阿纯是打假测评家"这个账号的IP形象就是号称"全网男女通用脸"的阿纯。

对于IP，笔者的建议是，在有可能的情况下，最好将自己塑造成为一个有辨识度的IP人物。

有一些团队，由于资源所限，将团队内颜值较高的小哥哥或者小姐姐打造成了账号IP人物。但如果两者之间没有严谨的合同或者协议，当彼此产生纠纷、矛盾后，很容易发生主播离开团队，从而带走了整个团队投入重金、时间及精力所打造的无形资产。

因此，最好是将自己塑造成为一个有辨识度的IP人物。如果自己的条件限，一定要依靠他人的活，则双方一定要签一份正式合同。

不敢真人出镜

毫无疑问，真人出境能够帮助视频获得更多人的认可，让视频更具亲和力，这种视频也是各个平台比较喜欢的，因此能够获得更多的推荐流量。

但大部分国人的性格都比较内敛，或者说是内向、不善于表现，还有一大部分人对于自己的颜值及在镜头前的表现能力没有信心，因此对于真人出境这件事情始终有一定的犹豫。

其实这种问题可以利用一些技术手段来化解，比如利用卡通人像或者面具，或者在取景时多展示身体的局部，少出现有面部的全景。

但最终的解决方法是，自己在心理上接受自己的颜值并不高这个事实，并坦然地在镜头前面表现自己。

实际上，各大平台上的确有许多颜值并不高但变现能力极强的个人账号，如账号"忠哥"就是一个很好的例子。

让选题思路源源不断的方法

与任何一种内容创作相同，如果要进行持续创作，就必须不断找到创作思路，这才是真正的门槛，许多账号无法坚持下去也与此有一定的关系。

下面介绍 3 个常用的方法，帮助读者找到源源不断的选题灵感。

蹭节日

拿起日历，注意是要包括中、外、阳历、阴历各种节日的那种日历，另外，也不要忘记电商们自创的节日。

在这些特殊时间点，要围绕这些节日进行拍摄创作，因为每一个节日都是媒体共振时间点，不同类型、行业的媒体都会在这些时间节点发文或者创作视频，从而将这些时间节点炒作成为或大或小的热点话题。

以 5 月为例，有劳动节和母亲节两个节日，以及立夏和小满两个节气，就是很好的切入点。

围绕这些时间点找到自己的垂直领域与其的相关性。例如，美食领域可以出一期选题"母亲节，我们应该给她做一道什么样的美食"；数码领域可以出一期节目围绕着"母亲节，送她一个高科技'护身符'"主题；美妆领域可以出一期节目"这款面霜大胆送母上，便宜量又足，性能不输×××"，这里的×××可以是一个竞品的名称。

只要集思广益，总能找到自己创作的方向与各个节日的相关性，从而成功蹭上节日热点。

蹭热点

此处的热点是指社会上的突发事件。这些热点通常自带话题性和争议性，利用这些热点作为主题展开，很容易获得关注。

成功蹭热点是每一个媒体创作者必备的技能，这里之所以说是成功蹭热点，是因为的确有一些视频蹭热点是不成功的。

例如，主持人王女士曾经就创业者茅侃侃自杀事件发过一个微博，并在第二条欢呼该微博阅读破10W。这是典型的吃人血馒头，因此受到许多网民的抵制，最终不得不以道歉收场。

因此，蹭热点既有一定的技术含量，更有一定的道德底线，否则，反而适得其反。

那么，如何捕捉热点呢？首先要多浏览各个新闻终端的推送，如多关注头条热搜、微博热门话题、百度热榜等的榜单，从而时刻紧跟社会热点。

需要注意的是，不能强蹭热点，因为不同的热点与不同的领域是强相关，而与某些领域是弱相关，与其他领域则可能不相关。例如，在脱口秀演员池子与笑果文化打官司的事件中，中信银行为了配合大客户要求，擅自将池子的银行流水提供给了笑果文化。这一热点事件与金融、监管、理财、演艺等领域强相关，与美食、美妆、数码、亲子等领域弱相关，甚至不相关。

因此，即使在弱相关的领域强蹭热点，不仅会让粉丝感觉莫明其妙，平台给的推荐流量也不会太高。

蹭同行

这里所说的同行，不要理解得太狭隘，这其中不仅包括了视频媒体同行，从更广泛的意义上而言，是指与视频创作方向相同的所有类型的媒体。

首先，不仅要在抖音上关注同类账号，尤其是相同领域的头部账号，定期刷他们的账号。还要在其他短视频平台上找到相同领域的网红大号。

其次，还应该关注图文领域的同类账号，如头条、某信公众号、某家号、某鱼号和某易号等。

视频同行的内容能够帮助新入行的"小白"快速了解围绕着一个主题，如何用视频画面、声音音乐来表现，能够培养自己的画面感觉，也便于自己在同行的基础上进行创新与创作。

如果是经营阅读图文类同领域媒体内容，则便于挖掘新选题，因为有些爆文是可以直接转化成为视频选题的，只需按文章的逻辑重新制作成为视频即可。

内容为王——打造爆款短视频的5个重点

无论账号养得多成功，名字和头像选得多精妙，对于平台算法理解得多深入，如果没有精彩的内容作为支撑，视频依旧不会有人看，流量也不会有明显提升。因此，内容才是最终决定视频能否火爆全网的关键因素。

能解决问题的内容更有市场

无论任何产品，能解决用户问题的就是好产品。对于短视频行业来说，那些能解决观众问题的、能满足观众需要的内容就是优质的内容，就具备成为高流量短视频的潜力。

下图为笔者在卡思数据实时热点视频界面截取到的画面。

在这份实时热点榜中，除了第4名看不出具体内容外，其余4条均在解决观众心中的疑问。比如排名第一的视频，就对目前北京乃至全国群众最关心的北京疫情问题进行了一定的解答；排名第二的视频，则解决了"能否出京"这一疑问。

如果认为这些视频都是国家官方机构发布的，对于个人视频制作者而言，很难第一时间拿到这么重磅的信息，因此没有太多参考价值的话，不妨再看一下排名第五的视频。

这个视频教会大家如何把头发扎起来可以更凉快，正好符合那些长发女生的需求，解决了她们遇到的问题与困难。

所以，在具体制作视频之前，一定要先确定所拍的内容是否被某些群体所需要，能不能解决特定的问题，然后再着手准备拍摄。

不要完全模仿别人制作的内容

短视频行业至今已经发展了5年左右。在这5年内，基本上所有能想到的垂直领域都已经诞生了头部大号。作为从零开始的短视频制作者，模仿这些头部大号的视频内容当然可以更快地提升视频流量。但从长远发展来看，盲目地跟在大号后面会让你的视频账号毫无特点，只能作为其附属品存在，上限比较低。

而且目前短视频市场瞬息万变，一旦头部大号的内容跟不上观众的需求，那么作为金字塔底端的视频号就会很容易被直接淘汰出局。

所以，模仿头部账号的内容无可厚非，但一定要在模仿的基础上具有自己的特点和风格。

比如宠物类头部账号"会说话的刘二豆"，其视频主要是为猫咪的行为配音，并且有一定的剧情，从而让动物"拟人化"。

利用这个思路，如果家中有宠物的话，也可以录制几段小视频，模仿"会说话的刘二豆"，根据宠物的行为，配上合适的语言。接下来则要拍出自己的特色，比如可以介绍一些养猫的常识或者技巧。在介绍这些技巧时，将猫咪的反应及心理通过"拟人化"的方式表现出来。

这样，不但通过模仿让宠物显得更可爱，更有灵性，还通过创新在表现宠物可爱一面的同时，也介绍了更实用、更能满足观众需求的内容。

至于如何寻找各个垂直领域的头部账号，读者可以在"飞瓜数据""抖查查"或者"卡思数据"中进行搜索。

短视频的基本内容结构

任何一款完整的短视频，都应具有"开头引导—核心内容呈现—结尾号召"这三大部分。如果想打造出爆款视频，那么每个部分的内容都需要精心设计，并且逻辑清晰地展现给观众。下面就详细讲解这三大内容结构的编排要领。

1.开头引导

"良好的开端是成功的一半"，这句柏拉图的名言同样适用于短视频制作。只有在3秒之内迅速抓住观众的眼球，这个视频才有可能被看完，否则，观众就会轻轻上滑手指去观看别的视频。

那么如何做到在3秒之内就抓住观众的眼球呢？

首先要确定该视频满足了观众的哪些需求或者解决了什么问题，然后在视频开头就将最能说明问题、最具吸引力的画面表现出来。

比如抖音号"深夜徐老师"发布的一个点赞高达170万的视频，其内容是前往明星造型师的家中进行采访。

为了在第一时间就吸引住观众，开头的画面就是家中摆得满满的鞋、衣服、包包等物品。因为这个视频所满足的就是观众的"好奇心"，很多女生都会有一个疑问"明星造型师的家里到底是什么样？"

所以一上来的第一个画面，就直击观众的痛点，展现了明星造型师家中的景象。而且大多数女性对于满满一架子的鞋、衣服和包包都是没有任何抵抗力的，那么该视频开头的画面无疑对目标受众具有强大的吸引力。

2.核心内容呈现

当精彩的开头吸引住观众后，就可以有条不紊地将核心内容展示出来了。展现核心内容时最忌讳的就是逻辑混乱，让观众看得晕头转向，不知所云。

所以再次强调，在视频拍摄前一定要写好镜头脚本，合理安排内容的逻辑顺序，并尽量按照脚本规划进行拍摄。

对于部分教学类视频，如美食类，可以将视频步骤化，甚至可以通过序号标明步骤的先后顺序，让观众学得更轻松、更明白。

如果是制作剧情类短视频，就要让每一个情节环环相扣，将故事的铺垫、展开、转折和结尾都交代清楚。

而类似Vlog的短视频，则可以通过时间线来安排每一部分内容的顺序，并通过后期添加转场效果等方式，让观众清晰地了解每个部分所展示的内容。

此处依旧以"深夜徐老师"发布的"明星造型师的家什么样？"短视频为例进行分析。其实该视频属于采访类，对逻辑的要求并不高。但在视频中，依旧可以明显地感受到视频制作者有意让内容的逻辑更清晰。

在该视频中，通过开头的室内景象吸引住观众后，就对这位明星造型师进行了介绍；随后假想了几个场景，让造型师进行设计，体现其功力；接下来具体对某几件高端爆款服装、鞋包进行展示，也是为了表现明星造型师的家中有很多"好货"。

3.结尾号召

对于带货类短视频来说，结尾往往是决定观众是否会点击商品并且最终下单的关键；对于只为打造爆款引流的短视频来说，结尾意味着能否让观众关注、点赞和评论。

为了让观众感觉从视频中确实得到了自己需要的知识，在结尾往往会对内容进行总结，或者再次强调一下视频所解决的问题。

比如美食类的视频，最后的画面可以放一张文字版的教学图片，让观众可以截下图后，按照文字一步一步操作。这种人性化的设计很容易让观众关注该账号。

而一些教学类的视频，如讲解晾衣架的妙用，就可以在视频的最后强调一下这些小妙招有多实用，提示观众该视频解决了生活上的问题，从而诱导其关注、点赞行为。

对于剧情类视频，或者会制作续集的视频，则可以在结尾处介绍下一期的内容，从而暗示观众关注该账号，从而观看后续更精彩的视频。

总之，在视频的结尾要再次突出视频所满足的观众核心需求，让观众产生"这个账号内容不错""可以从这个账号中获取更多实用内容"等想法，从而实现粉丝的积累。

值得一提的是，建议读者在片尾加上账号二维码，并引导观众关注、点赞或者转发，同样可以起到增加流量、吸引更多粉丝的作用。

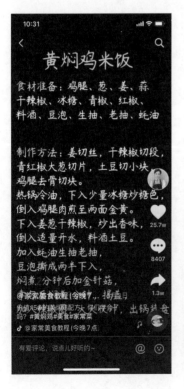

抓住实时热点话题

实时热点话题会迅速吸引大量观众，提高短视频受众的覆盖面，并且更容易获得高流量。但热点的借用方式还要根据自身擅长的领域和特点进行选择。

1.获取热点的来源

热点的时效性往往非常强，今天大家都在讨论、关注的事情，到明天可能就没人提起了，所以第一时间获取热点信息非常关键。下面列举3个可以获取当前热点的途径。

（1）今日头条

打开今日头条App，点击界面上方的"热点"选项，即可看到当前的热点事件，如图1所示。每一次下滑手机都会推送不同的内容，如图2所示。既然涉及"推送"，就意味着平台会根据浏览记录确定你所感兴趣的内容，并推送相关热点内容。

所以建议读者点击该界面中的"头条热榜"选项，在榜单中会显示按热度排名的事件。这个排名与个人对内容的偏好没有关系，是一份单纯通过关注度而排名的榜单。从这份榜单中寻找热点话题会更客观、准确，如图3所示。

△ 图1

△ 图2

△ 图3

（2）百度搜索风云榜

百度可以通过数亿网民单日的搜索数据来确定热点。只需在搜索栏中输入"风云榜"，即可点击链接进入页面，如图4所示。

∧ 图 4

通过界面左上角的"实时热点"选项，即可看到目前网友们搜索最多的事件。值得一提的是，虽然页面没有明确标出该热点榜的更新时间，但笔者在相隔5分钟左右的时间内刷新榜单就会发现其排名出现了变化，如图5和图6所示，可见其更新速度之快。

排名	⏱ 实时热点 关键词	搜索指数
1	八旬老太追星靳东 新!	5930036
2	北京确诊病例过百	3230615
3	清华云毕业典礼 新!	1539302
4	电商主播人才政策 新!	1369307
5	北京中小幼各阶段已全.. 新!	1338178
6	许志安正式复出	1325862
7	美国修改华为禁令	1154513
8	苹果AirPods爆.. 新!	958558
9	核酸检测预约	892385
10	特朗普74岁生日	870699
	完整榜单	

∧ 图 5

排名	⏱ 实时热点 关键词	搜索指数
1	八旬老太追星靳东 新!	8441913
2	北京确诊病例过百	5879845
3	清华云毕业典礼 新!	1952232
4	北京中小幼各阶段已全.. 新!	1912004
5	"华熙沦陷"谣言	1881742
6	苹果AirPods爆.. 新!	1648212
7	高三学生提前道别 新!	1608663
8	官方辟谣海鲜带毒	1338361
9	佐佐木希复工 新!	1308723
10	许志安正式复出	1233160
	完整榜单	

∧ 图 6

点击具体某个热点事件后，即跳转到该事件的搜索界面，可以获得有关该事件的比较全面的新闻线索，如图7所示。

∧ 图 7

（3）微博热搜榜

微博可以说是目前使用最多的网络社交平台之一，而微博热搜也是社会舆论的风向标。进入微博界面后，点击上方的"搜索栏"，然后选择"查看完整热搜榜"选项，如图8所示，即可进入热搜榜单页面。

⚠图 8

微博热搜榜同样按照热度进行排序，选择某个话题后，即可观看该话题中的相关微博。同时，微博中不仅有"热搜榜"，还有"要闻榜"和"好友搜"，如图9所示，通过它们可以了解更多老百姓正在关注的话题。

热搜榜	实时热点，更新于2020.6.10 15:00:00		
要闻榜	序号	关键词	
好友搜	⬆	中国人均收入35年增加22倍	热
	1	教育部要求严格国际学生申请资格 3856874	热
	2	央视对话郭杰瑞 2426674	
	3	618断货王空气霜 2425745	荐
	4	情人舞挑战 2333753	热
	5	钟南山李兰娟张文宏禁毒宣传片 1872100	
	6	杨幂水亮大眼 1861204	荐
	7	彭昱畅女友 1327282	热
	8	南方汛情 1315642	

⚠图 9

值得一提的是，笔者几乎是在同一时间对这3个热点获取渠道进行截图，可以看到其展示的热点内容是有一定区别的。因此建议读者在搜索热点时，尽量参考多个平台的热点话题，其中重复出现的话题往往是关注度最高、最火爆的事件。

比如在今日头条和百度风云榜中均出现了"北京疫情"的相关信息，证明该话题的热度相对较高。那么作为短视频制作者，就可以此为出发点，比如拍一些人们排队进行核酸检测，或者与餐馆、超市、批发市场目前的经营状况等相关的视频，定会获得较高的浏览量。

对热点话题进行包装

找到热点话题后还不够，还需要对其进行包装，才能吸引更多的人观看。对热点话题进行包装主要有以下3种方法。

1.叠加法

既然某个话题已经成为热点，所以单纯地将热点话题通过视频的方式描述一遍，是无法获得较高流量的。

叠加法就是将搜集到的多个热点结合在一起，放在一个视频中去表现。但热点与热点之间要存在一定的联系，增强视频的整体性，而不是简单堆砌。

在将多个热点联系在一起的过程中，势必会存在视频制作者对几个热点事件的认识与思考，有利于引发讨论，提升评论数量。

举例来说，就在笔者撰写此段内容时，其中一条热点是"北京新发地出现了聚集性疫情"。为了尽早控制疫情，政府迅速对新发地人员及出现疫情的小区进行了全员核酸检测，并建议市民主动预约检查，防止进一步扩散。

而另外一条热点则是特朗普宣称"只要检测的数量少，被感染的人就少"。这两条热点就可以联系在一起制作一个短视频，通过两国领导人的不同态度，来表明出发点的不同。中国领导人的出发点是为民着想，防止病毒进一步扩散，保护人民生命健康；而美国这边则将国家利益放在第一位，不顾疫情对民众的伤害。

既利用了热点，又表达了视频制作者的观点，还传播了正能量，激发了广大人民群众的爱国情怀，有很大概率会成为一条高引流视频。

2.对比法

虽然热点话题的时效性很强，一旦错过，即便内容做得再好可能也无人问津。但如果这些"过时的热点"与当前的热点有一定的联系，则可以将多个热点放在一起作为对比，并分析它们之间的异同。

这种包装方法同样给了视频制作者直抒己见的空间。如果分析得比较深入，有理有据，往往会起到不错的引流效果。

3.延展法

任何一个热点背后一定有广阔的思考空间，否则就不会引起广泛的讨论。作为短视频制作者，可以对热点进行深挖。挖掘热点背后的人或者事，对热点进行更深层次的思考与讨论。也许就在这个深度思考的过程中，可以发现对热点的另外一种解读方式，或者一个全新的思考角度，与其他视频形成一定的区分度。

依旧以北京新发地聚集性疫情这一热点话题举例。很多人只关注到了与新发地相关的人员被确诊，或者政府为这波疫情而下发的各种管控措施。但通过深挖话题就能了解到，新发地作为北京、全国乃至全亚洲最大

的农产品批发市场，无论是蔬菜、水果还是肉类，均从新发地输送至北京各地。

而当聚集性疫情暴发后，新发地被封，将直接影响蔬菜、水果和肉类的供应。深挖到这些信息的视频制作者就可以前往身边的超市，拍摄一些关于菜价和肉价的视频，进而从另一个角度来利用热点。

其中总获赞数只有1万的抖音账号"兔叨叨"，正是因为看到了热点背后的信息，抢先在超市中拍摄到了为平稳市场由国家提供的储备猪肉，而凭借此视频在短时间内获得了17万点赞，成功以无名小号的身份打造出了一个爆款视频。

标题决定视频的浏览量

由于抖音或者快手采用"自动播放"的短视频呈现方式，所以标题似乎不是那么重要了。但在类似西瓜视频这种依然需要"点开"视频才能观看的平台上，标题是否吸引人决定了有多少人会点开这条视频，也就决定了浏览量。

本节将从起标题的思路和标题的呈现形式两个方面来讲解如何撰写标题。

5个标题撰写思路

1.突出视频解决的具体问题

前面已经提到，一条视频的内容能否被观众接受，往往在于其是否解决了具体的问题。那么对于一条解决了具体问题的视频，就一定要在标题上表现出这个具体问题是什么。

比如对于科普类的视频，可以直接将问题作为标题"鸭子下水前为什么要先喝口水呢？""铁轨下面为什么要铺木头呢？"等；而对于护肤类产品的带货视频，则可以直接将这个产品的功效写在标题上，同样是以"解决问题"为出发点，如"油皮，敏感肌挚爱！平价洁面中的ACE来咯~"等。

2.标题要留有悬念

如果将这个视频的核心内容都摆在标题上了，那么观众也就没有打开视频的必要了。

因此，在起标题时，一定要注意留有一定的悬念，从而利用观众的好奇心去打开这条视频。

比如上文介绍的，直接将问题作为标题，其实除了突出视频所解决的问题外，还给观众留下了一定的悬念。也就是说如果观众不知道问题的答案，又对这个问题感兴趣，就大概率会点开视频去观看。这也从侧面说明了很多标题都以问句形式去表现的原因所在。

但保持悬念的方法绝不仅仅只能通过问句，比如"所有女生！准备好了吗？底妆界的超级网红来咯~"，这个标题中就会引起观众的好奇，"这个底妆界的超级网红到底是什么？"，进而点开视频观看。

3.标题中最好含有高流量关键词

任何一个垂直领域都会有相对流量较高的关键词。比如一个主攻美食的抖音号，如"家常菜""减肥餐""营养"等，都是流量比较高的词汇，用在标题里会更容易被搜索到。在节日期间，将节日名称也加到标题中，同样是出于"蹭流量"的目的。

另外，如果不确定哪个关键词的流量更高，不妨在抖音搜索界面中输入几个关键词，然后点击界面中的"视频"选项，数一数哪个关键词下的视频数量更多即可。

4.追热点

"追热点"这一标题撰写思路与"加入高流量关键词"有相似之处，都是为了提高观众看到该条视频的概率。毕竟哪个话题讨论的人多，其受众基数就会更大一些。

不同之处在于，虽然所有领域都有其高流量关键词，但并不是所有领域都能借用上当前的热点。

比如，运动领域的账号去蹭明星结婚热点就不会有什么效果；而美食领域的账号去借用"国宴菜谱公开"的热点就会具有非常明显的引流效果。

5.利用明星效应

明星本身是自带流量的，通过关注明星的微博或者抖音号、快手号等，发现她们正在用的物品或者去过的地方，然后在相应的视频中加上"某某明星都在用的……"或者"某某明星常去的……"的内容作为标题，其流量一般都不会太低。但需要注意的是，不要为了流量而假借明星进行宣传。

4个方法提升短视频"完播率"

认识短视频完播率

一个账号如果想要获得更多的流量，视频的完播率是非常重要的、必须关注的一个数据指标，那么什么是完播率呢？

当一个视频发布出去后，平台会随机地将这个视频发布给感兴趣的500个用户，如果在这500个用户中有100个用户完整地观看了这个视频，那么这个视频的完播率就是100÷500=20%。同样道理，如果在这500个用户里面有400个用户完整地观看了这个视频，那么这个视频的完播率就是400÷500=80%。

一个视频的完播率越高，代表这个视频的质量越高，那么平台就会认为这是一个值得推荐给更多用户的视频，因此完播率是每一个视频账号运营人员必须关注的核心数据指标之一。

提高完播率最根本的方法就是投其所好，简单来说就是创作出粉丝喜欢看的视频。然而，实际上很少有账号能够持续地产出质量非常优质的视频，所以在提高完播率的方面就不得不使用其他一些技巧。

下面介绍4种提高完播率的方法。

方法一：尽量缩短视频

可以想象一下，一个10分钟的视频和一个10秒的视频，哪一个视频的完播率更高呢，很显然是10秒的视频。

对于平台而言，时间的长短并不是一个视频是否优质的判断指标，长视频也可能是注了水的，而短视频也可能是满满的干货，所以视频长短对于平台来说没有任何意义，完播率对平台来说才是比较重要的判断依据。

在创作视频时，10秒能够讲清楚的事情，能够表现清楚的情节，绝对不要拖成12秒，哪怕多一秒，完播率数据就可能会下降一个百分点。

抖音刚刚上线时，视频最长只有15秒，但即使是15秒的时间，也成就了许多视频大号，因此15秒其实就是许多类视频的最长时长，而根据很多视频大号的经验，7～8秒其实是一个比较合理的时间。

当然对于很多类型的视频，如教程类或知识分享类，可能在一分钟之内无法完成整个教学，那么提升完播率对于这样的视频来说，可能会相对困难一些。

但是也并不是完全没有方法，比如很多视频会采取这样的方法，即在视频的最开始，采用口头表达的方法告诉粉丝，在视频的中间及最后面会有一些福利赠送给大家，这些福利基本上都是一些可以在网上搜索到的资料，也就是说零成本，用这个方法吸引粉丝看到最后。

也可以将长视频分剪成2～3段，当然，每一段都要增加前情回顾或者未完待续。

另一个方法就是在开头时要告诉大家，一共要讲几个点。在画面中要有数据的体现，比如一共要分享6个点，就在屏幕上面分成6行，然后数字从1写到6。每讲一个点，就把内容填充到对应的数字后面，如果的确是干货，大家就会等着将内容全部看完。

 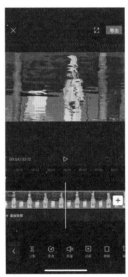 

方法二：因果倒置

所谓因果倒置，其实就是倒叙的方法，这种表述方法无论是在短视频创作还是大电影的创作过程中都十分常见。

例如，在很多电影中经常可以看到，刚开始就是一个非常紧张的情节，比如某个人被袭击，然后采取字幕的方法，将时间向回调几年或某一段时间，再从头开始讲述这件事情的来龙去脉。

在创作短视频时，其实也是同样的道理。短视频刚开始时，首先抛出结果，比如通过3天一个小白在抖音上赚到了1万块的佣金；再比如用一个技巧批量生成了1000条视频。

把这个结果（或效果）表述清楚以后，充分调动粉丝的好奇心，然后再开始从头讲述。

因此，在创作视频时，有一句话称为"生死4秒钟"，也就是说在4秒之内，如果没有抓住这个粉丝的关注度，没有吸引到他的注意力，那么这个粉丝就会向上或者向下滑屏，跳转到另外一个视频。

所以在4秒内一定要把结果抛出来，或者提出一个问题，比如说，大家在炒鸡蛋时候，鸡蛋总是有股腥味儿，怎样才能用最简单的方法去除这股腥味儿？这就是一个悬疑式的问题，如果观众对这个话题比较感兴趣，他就一定会往下继续观看。

方法三：尽量将标题写满

很多粉丝在观看视频时，并不会只关注画面，也会阅读这个视频的标题，从而了解这个视频究竟讲了哪些内容。

标题越短，粉丝阅读标题时所花费的时间就越少，反之标题如果被写满了所有的字数，那么就能够拖延粉丝，此时如果所制作的视频本身就不长，只有几秒钟时间，那么当粉丝阅读完标题时，可能这个视频就已经播完了，采用这种方法也能够大幅度提高完播率。

方法四：表现新颖

无论现在正在听的故事还是看的电影，里面发生的事情在其他的故事和电影中都已经发生过了。

那么为什么人们还会去听这些新的故事，看这些新的电影呢？就是因为他们的画面表现风格是新颖的。

所以在创作一个短视频时，一定要想一想是否能够运用更新鲜的表现手法或者画面创意来提高视频完播率。

此时，不要将注意力完全聚焦在画面的表现形式上，有时采用一个当前火爆的背景音乐也能提高视频的完播率。

在这方面电影行业已经有非常典型的案例，即"满城尽带黄金甲"，这个电影的片尾曲用的是周杰伦演唱的《菊花台》，以往当电影结束时，只要字幕开始上升，大部分观众基本上就会离开观众席。

但是当这部电影片尾曲响起时，绝大部分观众还安静地坐在观众席上，直到整个电影播放完这首歌曲。

另外一个比较典型的案例是"速度与激情9"，当这个电影播放完以后，它的片尾曲是"see you again"，许多观众都安静地听完了这首歌后才离开，所以一个好的背景音乐是绝对能够提升整个视频完播率。

在这里需要特别强调一下，许多运营人员不止一个抖音账号，当大号上发布一个视频以后，许多运营人员的固定动作是发布过一段时间后，用自己的小号去查看一下整个视频的展现效果。

注意，用小号观看自己的视频时，一定要看完这个视频，尤其是用自己的2个甚至是3个小号去观看这个视频时，一定要看完这个视频，并且进行点赞、转发和评论。因为当一个视频刚刚发布出来时，每一个用户的操作对于这个视频是否能够进入到下一季流量池，实际上都是有比较大的影响的。

3个方法提升短视频互动率

认识短视频互动率

视频的互动率就是指当视频发布以后，有多少粉丝愿意在评论区进行评论交流。

很显然，一个好的视频往往能够引起观众或者粉丝的共鸣，因此一个视频的互动率越高，也从一个层面上表明该视频的质量比较高。从平台这个层面来看，互动率越高的视频对于粉丝的黏性也越高，因此这样的视频就会被平台推荐给更多的粉丝。

下面介绍提高视频互动率的3种方法。

方法一：用观点引发讨论

这种方法是指在视频里提出观点，引导粉丝进行评论。比如可以在视频中这样说，"关于某某某问题，我的看法是这样子的，不知道大家有没有什么别的看法，欢迎在评论区与我进行互动交流"。

在这里要衡量自己带出的观点或者自己准备的那些评论，是否能够引起讨论。例如在摄影行业里，大家经常会争论的一个话题就是当对照片进行了大量后期处理后，这个照片是否还属于摄影的领域。又比如，佳能相机是否就比尼康好，索尼的摄影视频拍摄功能是否就比佳能强大？去亲戚家拜访能否空着手？女方是否应该收彩礼钱？结婚是不是一定要先有房子？中美基础教育谁更强？这些问题首先是关注度很高，其次本身也没有什么特别标准的答案，因此能够引起大家的讨论。

方法二：利用神评论引发讨论

首先自己准备几条神评论，当视频发布一段时间之后，利用自己的小号发布这些神评论，引导其他粉丝在这些评论下进行跟帖交流。这个动作就好像是观看一些现场的综艺节目时，观众在什么时候应该鼓掌，实际上都是有一些工作人员进行指导的，所以只要所准备的评论足够有料，其他愿意分享和交流的粉丝就会在评论底下进行回复或者跟帖。实际上，大家也能够从很多视频的评论区看到，有的视频评论区甚至比视频还精彩。

方法三：卖个破绽诱发讨论

另外，也可以在视频中故意留下一些破绽，比如说故意拿错什么，故意说错什么，或者故意做错什么，从而留下一些能够吐槽的点。

因为绝大部分粉丝都以能够为视频纠错而感到自豪，这是证明他们能力的一个好机会，因此必定会在评论区留下一些评论。当然，这些破绽不能影响视频主体质量，包括IP人设，必须是一些无伤大雅的小破绽。

3个方法提高视频点赞量

认识短视频点赞量

抖音中所有被点赞的视频，都可以通过点击右下角的"我"，然后点击"喜欢"重新找到它并再次观看，也就是起到了一个收藏的作用。

所以对于平台而言，点赞量越高的视频代表这个视频的价值越大，值得向更多的人推荐。

要提高视频的点赞量，需要从用户的角度去分析点赞行为的背后原因，并由此出发调整视频的创作方向、细节及运营方案。

从大的层面去分析点赞，背后基本有三大原因，下面一一进行分析。

方法一：让观众有"反复观看"的需求

正如刚才所说的，点赞这种行为有可能是为了方便自己再次去观看这个视频，此时，点赞起到了收藏的作用。

那么什么样的视频才值得被收藏呢？一定是对自己有用的。

这类视频往往是干货类，能够告诉大家一个道理，或者说是一个技术、一种诀窍、一个知识，能够解决大家已经碰到的问题或者可能会碰到的问题，比如说笔者专注的领域是自媒体运营、视频拍摄、摄影及后期制作，因此在这些领域收集了很多小的诀窍。

所以要想提高视频的点赞率，所拍摄的视频必须要解决问题，而且要解决的是大家可能都会碰到的共性问题。

比如，北方人都非常喜欢吃面食，在很多美食大号里，制作香辣可口的重庆小面的视频点赞率都非常高，就是因为这类视频解决了北方人的一个问题。

所以在创作视频之初，一定要将每一个视频的核心点提炼出来，写到纸上并围绕着这个点来拍视频。

也就是说在拍摄视频之前，一定要问自己一个问题，这个视频解决了哪些人的什么问题。

方法二：认可与鼓励

点赞这种行为，除了为自己收藏那些自己现在或者以后可能会用到的知识、素材外，也是观众对于视频内容的认可与鼓励。

这种视频往往是弘扬正能量的一种视频，比如在2020年的疫情期间，全国各地都涌现出了一批可歌可泣、感人至深的英雄事迹。

以钟南山院士为例，只要短视频中涉及钟南山院士，点赞量都非常高，所以这其实是一种态度，是一种认可。

这就提示读者在创作这类短视频时，一定要问自己一个问题，就是这个视频弘扬的是什么样的正能量。

方法三：情感认同

最后一种点赞的原因是情感认同，无论这个视频表现出来的情绪是慷慨激昂、热血沸腾，还是低沉忧郁、孤独寂寞，只要观看这个视频的粉丝的心情也恰好与视频基本相同，那么这个粉丝就会去点赞。

所以，应该在每一个节日、每一个重大事件出现时，发布那些与节日气氛情绪相契合的视频。

例如，在春节要发布喜庆的，在清明节要发布缠绵的、阴郁的，在情人节要发布甜蜜的，而在儿童节要发布活泼欢快的。

最后，每一个视频的最后一句话都应该提醒粉丝，要关注、留言、转发、点赞，实践证明，有这句话比没有这句话的点赞和关注率会提高很多。

5个指数了解账号权重

高权重账号的优势

任何平台都会特别青睐那些能够为他们创造更多价值的内容创作者账号，这些账号通常也是各个平台的高权重账号。同样的视频，在高权重账号发出来所获得的推广流量，要大于在低权重账号发出来的。

而一旦各个平台有了活动及内测的功能，也往往会优先考虑这些高权重账号。因此一旦一个账号成为高权重账号，往往会呈现一种马太效应，也就是强者愈强，只要内容创作不掉链子，这个账号就会在很长一段时间内成为创作者的变现利器。

平台青睐这些高权重的账号，给予他们流量扶持的原因也很简单，因为每一个平台都需要一批标志性的账号。

通过打造这样一批账号，并且将它们广泛宣传出去，就能够让这些账号产生示范作用，从而吸引大批内容创作者加盟到自身的平台，因此每一个平台的初创期都是绝佳的上位时机。

每一个视频创作者都应该努力地将自己的账号打造成为高权重账号，那么平台如何判定一个账号的权重是高还是低呢？

通常会基于以下5个参数进行考量。

传播指数

传播指数是指基于账号篇均阅读、评论、转发、点赞、收藏的计算值，数据范围为0~1000。

所以，如果一个账号里面的作品比较少，但是每一篇作品阅读、转发、评论、点赞、收藏的数值都非常高，那么这样的账号就很容易成为一个高权重账号。

反之，如果一个账号里面的作品非常多，但是只有几个作品数据非常好，那么就会拉低整个账号的传播指数。

另外，不必指望删除数据不佳的视频来提升此数值，因为如果大批量删除一个账号内的视频，也会降低这个账号的权重。

粉丝指数

粉丝指数是指基于账号粉丝量、涨粉数、粉丝阅读、粉丝互动（评论、转发、点赞、收藏）等维度的计算值，数据范围为0~1000。

粉丝是所有账号的一个最基本的考量标准，一个粉丝多的账号要明显优于粉丝少的账号。但是这里需要强调一点的是，如果一个账号的粉丝是由一个或者几个视频带来的，比如一晚上由于一个爆款视频增长了十几万的粉丝，计算粉丝指数时，这种粉丝的增量也会打一个折扣，类似于一些体育或者唱歌比赛时，去掉一个最高分，去掉一个最低分，采取平均的算法。

因为，由于一个爆款视频或者几个爆款视频带来的几十万粉丝，并不能够证明这就是一个非常优质的账号，这里带着一定的偶然性，所以在计算时，一定会将这个数据进行一个综合考量。

活跃指数

活跃指数是指基于发文数、回复评论数等维度的计算值，数据范围为0~1000。

前面已经提到，对于任何的内容创作者来说，持续输出优质内容是一个非常硬的指标，也是一个很难跨过去的门槛，其实对于短视频平台而言也是一个道理。

要让自己的平台长期持续被关注，而不被其他平台所替代，那么自己的平台上面就必须长期不断地涌现出优质的视频，而这背后实际上就是一个账号的活跃指数。

这个活跃指数是一个平均数据，不能指望通过在短时间内发布大量视频，来提高活跃指数。因为，这很容易被平台判定为营销号，而应该拉长发布的时间，比如每天可能只需要发布2~3个或3~5个视频。

而且发布视频时还要间隔一定的时间，这样的账号就会被判定为是一个长期活跃账号。此外，每一个账号的运营人员还必须要跟自己的粉丝所发布的评论进行良性互动，通过这样的操作就能证明，运营人员一直在用心去维护自己的账号，从而增加自己的活跃指数。

内容营销价值指数

内容营销价值指数是指基于粉丝指数、活跃指数和传播指数的加权计算值，数据范围为 0~1000。

这个基本上考量的是一个账号的拉新能力。拉新在因特网中是一个非常常用的术语，也就是从平台外拉取一些新鲜的用户进来。

现在各大平台进入的其实都是一个白热化的竞争状态，而竞争的目标就是存量用户。2019年，中国的因特网用户人数已经达到了一个顶峰，这个数值跟人口是密切相关的。

因此各大平台其实已经进入了一种博弈状态，简单地说，每个平台都希望从其他的平台拉取新的用户到自己的平台上，这也是为什么在不同的平台上跨平台的相互转发往往是被禁止的。

比如，头条系的所有产品在腾讯系的所有产品中是无法分享的，虽然分享是被禁止的，但是并不代表不能够从其他的平台进行拉新，因为所有的视频都是可以下载后再进行分享的。所以在每一个抖音视频的最后面，都能够看到这样一句话，就是截屏保存抖音码，打开抖音查看。当不同账号的视频通过这种方法被分享，然后新的用户通过识别抖音码进入到平台，即完成了一次拉新操作，那么很显然哪一个账号能够为平台带来更多的新增用户，哪一个账号就可能成为高权重账号。

变现指数

每一个企业都有盈利需求，抖音也不例外。对于平台来说，变现的方法其实并不多，首先就是广告，这是绝大多数平台的根本收入渠道。

其次是分成，也就是说每一次主播在直播时，观众和粉丝给予主播的打赏，每一个视频带货的佣金，平台都会抽取一定比例的分成。

从这一点来说，变现能力强的账号当然会被平台所青睐，这种账号与平台是一种共生关系。

虽然上面已经分析了若干种指数，并针对这些指数指明了操作方法，但实际上如果每一个账号的运营人员和内容创作者如果能够从心出发，用心为用户创作良好的内容，并且将粉丝当成朋友，相信不用去关注这些指数，一样能够凭借优质的内容成为高权重账号。

毕竟这些指数其实都是在"术"的层面，而用心创作良好的内容，将粉丝当成朋友，其实已经上升到了"道"的层面。

提高权重的8个方法

权重越高的账号，获得平台的扶持和激励就越多，也更容易获得流量。下面总结了提高账号权重的8个方法。

1.拍出"爆款"视频

拍出"爆款"视频是提高权重最有效的方法。因为它可以证明自己具有拍出满足观众需求的高质量视频的能力。平台也愿意将更多的资源向这种短视频账号倾斜，从而吸引更多的观众在该平台观看短视频。

2.稳定的内容输出

优质短视频内容的创作者与普通分享生活片段的用户相比，最大的区别之一就是能否保持稳定的内容输出。

优质短视频制作者是从"作者"的角度来运营短视频账号的，所以会持续地发布某一领域的视频。而当平台监测到某一账号发布视频频率比较高，并且持续了较长时间（一个月左右），就会适当提高该账号的权重，作为潜在的激励对象。

3.使用热门音乐

在抖音或者快手等短视频平台的算法中，一个核心原则就是将那些火爆的、关注人数多的内容推送给观众，从而提高观众喜欢这个视频或者认可这个视频内容的概率。因此，如果在视频制作中使用了热门音乐，那么系统就更有可能将其推送到观众面前。

如果使用"剪映"进行后期处理，可以在添加音乐时，选择"推荐音乐"类别下的曲目，或者选择"抖音"分类下的曲目。

4.参与热门话题或者活动

在之前的内容中已经了解到，输入"#"可以参与某个话题，并且注明该话题的关注人数。如果该话题属于热门话题，在右侧会出现"荐"字标识。参与此类话题，同样可以起到提高权重的作用。

同时，笔者也建议读者多参加抖音官方组织的活动，对提高账号权重同样有好处。

5.使用最新的道具和贴纸

如果直接使用抖音自带的录制功能拍摄视频，可以点击界面中的"道具"选项，选择"最新"选项卡下的贴纸即可。

如果是使用"剪映"添加贴纸，则直接点击"贴纸"按钮，然后选择"热门"分类下的贴纸即可。

无论是直接录制时添加的"道具"，还是后期制作时添加的"贴纸"，均有针对当前热点特意设计的各种图案。添加这些效果既可以美化视频，又可以增加新鲜感，让观众感受到很强的时效性，对于提高账号权重也有积极的作用。

  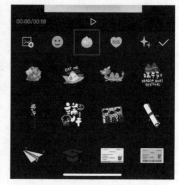

6.多与粉丝互动

与粉丝互动不但可以提高粉丝黏性，还可以让系统认定该账号是由"自然人"运营的。而且回复的评论数量越多，则证明账号的活跃度越高，那么理所应当获得更高的权重。

7.在视频文案处@抖音小助手

@抖音小助手除了可以让发布的视频更容易上热门，还有提高权重的作用。并且这是为数不多的、抖音官方曾经明确指出的提高权重的方法。

所以，基本上绝大多数视频都会@抖音小助手。但也许因为这样做的人太多，权重提升效果其实并不明显。作为短视频新手玩家，笔者还是建议不要错过任何一个可以提高权重的方法。

8.直接使用抖音App录制视频

虽说目前抖音上的绝大多数精品视频都是录制完成后再经过精心打磨才发布的，但抖音官方为了规避某些作者搬运视频，曾明确指出"凡是通过抖音App的自带录像功能拍摄并上传的视频，均会获得流量与权重的扶持。"

所以在这里提醒广大读者，如果是一些奇闻轶事类的视频，不妨就用抖音App直接录制并上传，以此提高账号权重。但如果是需要精心打磨的视频，如剧情类视频，用抖音App直接拍摄并上传是不现实的。

玩抖音就要与时俱进

玩短视频的人越多，就会有更多的新玩法涌现出来。稍不留神就会落伍，被潮流所淘汰。所以，玩抖音一定要与时俱进，在制作短视频的同时也要不断学习，了解最新、最潮、最酷、观众最喜欢的视频是什么样的。

那么如何才能跟上"短视频"这趟"快车"呢？可以通过以下3个渠道学习、了解最适合当下的短视频玩法。

通过抖音官方账号进行学习

从官方账号上学习短视频玩法可以避免被因特网上鱼龙混杂的各种教学带偏。毕竟是"官方"账号，所以其权威性和专业性是可以保证的。

而且，抖音的官方账号绝不仅仅只有短视频制作教学，还包括账号运营、广告投放等方法，均有相关视频进行讲解。

目前的抖音官方账号有"抖音创作者学院""抖音小助手""抖音门店助手""抖音广告助手""抖音推广助手"等。读者可以在视频页面搜索并关注这些官方账号，如图10所示。

▲ 图 10

通过"创作者学院"进行学习

抖音专门建立了"创作者学院"，其中包含很多经营账号的课程，如"平台政策课程""内容创作升级课程""品类内容进阶课程""创作者变现课"等。

依次点击右下角的"我"—右上角的▤图标，在打开的菜单中选择"创作者服务中心"选项，即可找到"创作者学院"入口，如图11所示。点击"进入"课程按钮后，即可学习各个课程，如图12所示。

▲ 图 11

▲ 图 12

通过"反馈与帮助"解决各种问题

在使用抖音的过程中，可能会出现与账号、视频、直播、推广相关的各种问题，这时可以通过"反馈与帮助"解决绝大部分问题。

❶ 同样依次点击右下角的"我"—右上角的▤图标，在打开的菜单中选择"设置"选项，如图13所示。

❷ 在"设置"界面中选择"反馈与帮助"选项，如图14所示。

❸ 在该界面中即可点击与自己相关的问题，并获得解决方式。如果没有找到相符的问题，则建议点击"问题分类"右侧的"更多"按钮，如图15所示。在打开的界面中将详细列出各种可能遇到的问题。

❹ 如果依然无法解决，则可以拨打官方客服电话进行咨询，如图16所示。

⌃ 图 13　　⌃ 图 14　　⌃ 图 15　　⌃ 图 16

通过"剪映"学习最新潮的视频后期技巧

抖音上很多火爆的短视频其实都是使用官方后期App——剪映中的功能实现的。而在剪映的"教学"分类下，会对当前最火爆的后期效果进行教学。当然，其中也包含抖音官方的视频后期课程。

只需打开剪映App，点击界面下方的▣图标，然后选择界面上方的"教程"分类，即可找到海量后期技巧教学，如图17所示。

⌃ 图 17

在"巨量大学"中全面学习营销知识

为了更系统、更全面地学习营销知识，笔者向各位读者推荐"巨量大学"这一平台。该平台的全部内容均围绕视频与直播的运营展开，大到抖音推荐规则，小到标题应该怎么起，均有详细的视频讲解。

进入"巨量大学"的方法

❶ 在百度中搜索"巨量大学"，点击界面中的第一条链接即可进入"巨量大学"，如图18所示。

❷ 选择界面右上角的"登录"选项，如图19所示。

▲ 图 18

▲ 图 19

❸ 选择"用户登录"选项，然后输入电话号码，并在获得验证码后输入即可，如图20所示。

❹ 登录后即可点击平台中的视频进行学习。

海量免费教学内容

登录之后即可点击"巨量大学"平台内的任意视频进行学习。在平台中，可以按照自己所处的阶段进行有选择的学习，如图21所示。

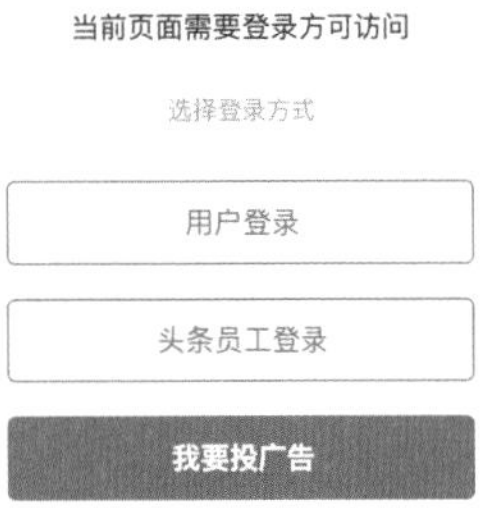

▲ 图 21

▲ 图 20

在各个阶段中都包含了不同方面的视频内容，并且每个方面的内容量都十分庞大，读者可以选择学习自己感兴趣的、目前迫切需要了解的内容，如图22所示。

当然，也可以直接找到感兴趣的领域，如短视频创作，从而系统学习与短视频创作相关的内容。

另外，通过选择界面最上方的不同大类，同样可以找到海量的内容。而且这些内容绝大多数都是免费的，大大降低了学习成本。

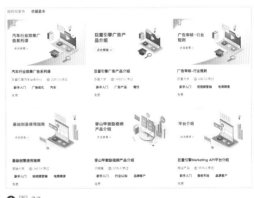

▲ 图 22

5个爆火带货短视频案例分析

情景剧式带货短视频——护肤品带货案例

情景剧式带货短视频虽然制作难度及成本较大，但是容易吸引更多的观众，从而增加产品曝光量，进而起到增加销量的作用。

与直接介绍产品的"硬广"相比，将产品穿插在剧情中进行介绍，也更容易被观众接受。下面以日榜第二、点赞量达到28万的护肤品带货短视频为例，介绍情景剧式带货短视频的拍摄要点。

老板最后一句"就凭我，喜欢她"，我们的关系…
城七日记
带货商品：小迷糊烟酰胺大白瓶护肤品水乳套装补水提亮肤色正品

要点1：根据产品的主要受众确定视频类型

由于货品为主打年轻女性的护肤品，所以视频要吸引更多的年轻女性观看。而通过热播剧集来确定某一群体的喜好是一个常用方法。比如通过《亲爱的，热爱的》这部火爆的电视剧，以及因剧中饰演"韩商言"而大红大紫的李现，就可以确定"与霸道总裁的爱情故事"是很多年轻女孩比较喜欢的题材。

只有视频能吸引到产品的主要受众来观看，才能够吸引更多的人点击购物车链接并购买。

要点2：剧情要有转折

剧情如果平平淡淡，看到开头就猜到了结尾，那么播放量肯定上不去。在本案例的视频中共出现了两次转折。

第一次是从大家对待女主角的态度都很好，转折到背地里说她坏话；第二次是从大家都说她坏话，转折到总裁识破是有人故意散播谣言，并找到了散播谣言的人。

通过转折让剧情有了起伏，也吸引观众看完整个带货短片。

要点3：在合适的时机展示产品

在剧情中加入产品时，如果没有做好铺垫，就会显得十分生硬，宣传效果也会大打折扣。

在本案例中，由于推广的是护肤品，所以设计了女主角因为被人使坏，不得不加班到深夜，导致第二天面色很差。此时就可以很自然地将护肤品展示出来，观众也更容易接受。

同时为了表现出产品的效果，一定要强调使用前和使用后人物面部的变化。因此画面中不但要出现产品，还要对人物面部进行特写，以表现使用后的效果。

日常生活式带货短视频——服装带货案例

通过生活中经常出现的景象来表现一个产品，往往会给人一种更接地气的视觉感受。并且与剧情式带货视频相比，无论是拍摄难度、成本，还是真实性都要更好。

但这个"生活中的情景"如果选得不好，没有让观众产生认同感，宣传效果就会非常差。下面以日榜第一、点赞量达到78.8万的服装带货视频为例，介绍日常生活式带货短视频的拍摄要点。

这应该是小男生都会回头看的类型#穿搭 #超a
EZ14的种草机
带货商品：【6月16日10点开抢 888是防拍价】垂感腰带绑带不规则开衩半身...

要点1：拍摄场地要普通

既然要让视频接地气，有生活感，那么所选择的场景一定要普通、常见，最好是大家经常会去的地方。比如在本案例中，拍摄地点选择在地铁，第一时间拉近了与观众之间的距离。

要点2：拍摄的情景要常见

除了地点要普通，表现的场景也要让观众有一种"这种情况我遇见过"的感觉。本案例就选择了"回头率"这种在街头很常见的情景进行拍摄。因为无论男生还是女生，在街头都可能被有品位的穿搭所吸引。

要点3：模特的动作要能表现出服饰的特点

说到底，视频不是为了表现模特有多美，而是为了展示服装的设计与穿上身之后的效果。

所以模特在场景中既要表现自然（接地气是生活类带货视频的核心），又要突出服装的独特设计。在本案例中，模特在行走时特意突出了所售裤子的不规则剪裁风格。

要点4：画面中要有爆点

所谓"爆点"，也就是在普通的场所、常见的情景中，出现有特点、不寻常的画面。

对于服装类带货视频而言，这个"爆点"一定要通过服装来表现。

在该视频中，模特通过所穿的裤子（也是该视频所推广的服装），展现出了修长的美腿，这就是视频中的"爆点"。从而给观众留下一个很深的印象——这款裤子可以让腿显得更修长。

而且本案例还通过后期处理在此处增加了慢动作效果，从而让"爆点"更突出。

介绍使用方法的带货短视频——日用百货带货案例

无论是剧情式还是日常生活式，都给观众一种无意之中向你推荐产品的感觉，属于"软广"。而直接通过介绍使用方法进行带货的短视频则更偏向于"硬广"。

虽然与"软广"相比，"硬广"不太容易被观众接受，但如果推广的产品非常实用，并且价格也不贵，直接介绍使用方法反而会令观众对这款产品的印象更深刻，一些建议购买的语言对于提高销量也有帮助。

下面以日榜第四、点赞量达到26万的日用百货带货短视频为例，分析介绍商品使用方法的带货视频的拍摄要点。

4　小粉丝要求的冰块来啦
　　· 小粉丝优选
带货商品：304 不锈钢冰块家用冰酒石威士忌金属冰粒速冻钢铁块块啤酒冰镇...

要点1：选择简单好用的商品进行推广

如果想通过直接介绍产品的方式进行推广，则要确保该产品既操作简单，又非常实用，二者缺一不可。

因为一些虽然好用但操作有些复杂的产品，在还没介绍完操作方式时，大量的观众就已经流失了。

而如果操作简单但不够实用的产品，也不会引起观众的注意。

比如在本案例中售卖的不锈钢冰块，就属于几乎没有什么使用方法，还能让可乐冰得更快，冰得更持久。

要点2：操作步骤要清晰快速地展现

因为使用方法简单，所以在视频中只需要几个画面来表现具体步骤即可，并且每个画面要尽量清晰、简洁，从而给观众一种使用很方便的感受。而操作的展示时间稍微一长，就会有大量观众流失。

比如在本案例中，仅通过一个时长1秒左右的画面，就展现了不锈钢冰块的使用方法。

要点3：要重点强调使用效果和感受

此类带货视频的重点在于对效果和使用感受的表现。只有画面中的人物表现出这个产品非常好用，这种情绪才会感染到手机前的观众，进而让他们产生购买冲动。

一个产品的使用感受是否良好，可以通过人物的表情、语言和画面中的文字来表现。

最后别忘了说一句类似"快来抢购吧！"的结束语，往往可以击破观众的最后一道心理防线。

教学式带货短视频——文娱用品带货案例

教学式带货短视频是所有带货视频中含金量最高的。因为即便不买视频中推荐的商品，将其收藏起来，也可以作为教学视频来学习。

但教学类带货视频需要自己在某一方面有所特长，或者能够找到对某方面有特长的人来拍摄。比如通过瑜伽教学来售卖瑜伽垫，就需要对瑜伽比较了解，动作要标准，让观众认可教学内容，才能提高所售商品的销量。

下面以日榜第二、点赞量近34万的文娱用品（橡皮章雕刻套装）为例，分析教学式带货短视频的拍摄要点。

夏目友人帐，萌萌哒猫老师 #橡皮章 #留白教程
三木章
带货商品：三木章橡皮章套装手工雕刻橡皮材料包学生DIY版画新手包零基础...

要点1：步骤要清晰明了

对于教学类视频，只有让观众感觉学起来比较容易，觉得自己能学会，才能获得较高的播放量。而清晰明了的步骤，则是让学习更简单的有效方式。

比如在橡皮章雕刻案例中，每一步都通过字幕呈现在画面中，观众可以非常直观地了解视频中正在做什么。

要点2：适当利用快动作效果压缩时间

大部分手工艺品的制作都需要较长时间，而让观众在这里看几十分钟甚至几小时的制作过程显然不现实。

因此要活用视频后期处理中的快动作效果，压缩大量重复操作的时间，只强调关键步骤，从而让观众通过一分钟左右的时间就能够掌握整个操作流程。

比如在本案例中，将每一个小格子用刻刀抠出来需要较长时间的操作，但添加快动作效果后，仅用几秒钟时间就完成了演示。

要点3：展示最终成品

工艺品制作教学一定要在最后展示成品效果，证明所售卖的工具既好用，又能制作出精美的小物件。让观众可以安心地提高自己的制作水平，而不用因为工具的好坏而分心。

搞笑类带货短视频——美食产品变现分析

以搞笑类短视频的形式进行带货，其最大的特点在于只要笑点找得好，其传播速度会非常快。因为绝大部分观众都乐于分享能为别人带来快乐的视频，从而对产品起到很好的推广和宣传作用。

下面以周榜第一、点赞量达到120万的美食带货短视频为例，分析如何通过搞笑的方式来推广美食。

排名	视频
	乔还以为他要…#护食 #迷惑行为大赏 🐘 乔儿🌸 带货商品：2桶巧克力花生糖19.9

要点1：通过行为间接表现美食的美味

很多推广美食的带货短视频，都是通过表现美食的"色、香、味"来吸引观众购买的。但此种方式因为太过直白，所以较难让观众接受。再加上自己制作的短视频不能和广告大片相媲美，前期拍摄与后期录制的水平都很难达到让人一看就很有食欲的程度。

所以，在本案例中，通过类似"护食"的行为来表现自己多爱吃这个巧克力，生怕别人抢走。

要点2：充分表现一个笑点足矣

在制作搞笑短视频带货时切记贪多求全，因为过多的笑点会影响视频中美食的表现。除非视频中的每个"笑点"都与美食有关，但这很难做到。

因此，干脆设计一个最有可能引人发笑的场景，并通过很短的时间将这个笑点充分表现出来，不但有利于突出视频中的美食，还可以让笑点来得更突然，让观众更惊喜。

要点3：以享受美味作为视频的结束

很多美食类带货短视频在后半段就成了单纯地介绍它有多么好吃，其实效果并不好。因为再多的语言都不如视频中的人物一个享受美食的表情更有说服力。

所以本案例在最后结尾时，人物依旧表现出对口中美食的细细品味，进一步促进观众的购买欲。

光线摄影